国家出版基金项目
NATIONAL PUBLICATION FOUNDATION

中国卷

世界灌溉工程遗产研究丛书

谭徐明　总主编

杨志宏　文智勇　卢露　编著

青衣绝佳处　毗卢古堰在

东风堰

长江出版社
CHANGJIANG PRESS

总序

在世界广袤的大地上，分布着丰富且类型多样的人类文明，古代灌溉工程就是其中之一。直到今天，还有相当数量的古代灌溉工程在持续地为人们提供着生活、灌溉和生态供水服务。现存的古代灌溉工程历经长久考验，没有成为西风残照的废墟，也没有成为书籍中刻板的回忆，而是以与自然融为一体的形态存在，并成为兼具工程价值、科学价值和文化价值的人类文明奇迹。

2014 年，国际灌溉排水委员会（ICID）开始在世界范围内评选收录灌溉工程遗产，旨在挖掘、保护、利用和宣传具有历史意义的灌溉工程所蕴含的自然哲理、科学思想、文化价值和实用价值。从 2014 年至 2020 年，经由中国国家灌排委员会推荐和国际评委会评审，我国有安徽的芍陂、四川的都江堰等二十处具有历史意义的灌溉工程入选世界灌溉工程遗产名录。由此，古老而丰富的中国灌溉工程遗产向世界又开启了一个了解和认识中国文明史的新窗口，让更多的人走进中国悠久而辉煌的水利史，探索这些工程中蕴藏的人与自然和谐相处的理念和古代贤人因势利导的治水智慧和方略。

粮食充裕则天下稳定，人民安居乐业，而灌溉工程正是在洪涝干旱灾害频发的自然环境下保障粮食丰收的关键所在。中国是灌溉文明古国，历朝历代从一国之君到州县官员无不重农桑兴水利，并确立了从中央到民间权、责、利相互结合的灌溉管理制度。农耕文明下的这些灌溉工程及其管理制度和道德约束，为水利发展注入了民族精神，并在历史的长河中衍生出独特的文化和记忆，使得现存的古代灌溉工程在这一独特的文化滋养下世代相传、经久不衰。每一处灌溉工程遗产都是人与自然和谐相处和可持续发展活生生的实证。

中国 5000 年的农耕文明史中，因水资源禀赋和自然环境差异而建造出类型丰富、数量众多的灌溉工程。留存下来的古代灌溉工程得以延续至今，往往缘于这一灌溉工程在规划、选址、选型、建设和管理上的可持续性，随着科技和社会的发展，其功能和效益仍在扩展中。如安徽寿县的芍陂，是我国历史最悠久的大型陂塘蓄水灌溉工程，它始建于战国时期最强盛的楚国，历经 2600 多年后，至今仍灌溉着 67 万亩农田，并成为今天淠史杭灌区的反调节水库。再如有 2270 多年历史的四川都江堰，是世界上年代最久远、仍在发挥作用的无坝引水灌溉工程。留存至今的古代灌溉工程堪称人与自然和谐相处的典范，是可持续发展的活样板。

抛弃历史的前进，终究是无本之木，善于继承方能更好创新发展。在我们拥有先进科学技术的当代，从灌溉工程遗产中汲取经过历史检验的科学理念、智慧和经验，把现代科学技术与经过历史检验的思想和理念相结合，有助于更好地设计和建造人水和谐与可持续发展的灌溉工程。灌溉工程遗产也是重要的文化传承，在灌区现代化建设的过程中应该同时加强对灌溉工程遗产和灌溉文明的保护，让中华大地上美轮美奂的古代灌溉工程和丰富多彩的灌溉文化依然充满生命力，让历史文化在流水潺潺的水渠、在生机勃勃的田野得到永恒延续发展，为我国灌溉文化的生命传承和建设现代化生态灌区注入不竭的动力。

中国水利水电科学研究院原总工程师
2011—2014 年国际灌溉排水委员会第 22 届主席

2023 年 8 月于北京玉渊潭

东风堰

序

　　东风堰原名毗卢堰、龙头堰、石骨坡堰。毗卢堰名称用了200多年，然而即使在四川夹江本地也鲜为人知。直到2014年9月16日在韩国光州举行的第65届国际灌溉排水委员会（ICID）国际执行理事会上，东风堰入选首批世界灌溉工程遗产，人们才注意到青衣江畔、千佛岩下竟有这样一处绝妙的水利工程。

　　东风堰有天生丽质、出奇制胜的景观，渠首引水干渠与古老的夹江驿道并行，时而潜行千佛岩深处，清流杳无；时而出露巨石之间，湍流奔激。青衣江、千佛岩与远处朦胧的峨眉山构成天然图画，山崖上留下了唐宋的佛教造像群、文人墨客题刻。而东风堰只与石争锋，将青衣江水引出山麓，进入平原后在近县城处干渠一分为二，留下环绕夹江的一段护城河后再一路分出众多的河渠，在青衣江下游的夹江东南平原上不断延伸，自流灌溉夹江城区、黄土、甘霖和甘江四镇47村近8万亩农田。东风堰是夹江农业重要的支撑，在灌溉效益之外还有防洪排水和环境效益。在中国广袤大地上任何一处古代水利工程都有各自的历史，河渠之间营造的人文景观也风貌迥异。东风堰自然也不例外，而走近它，且认识它，对我们而言才刚刚开始。

　　清康熙元年（公元1662年）毗卢堰建成，这一公共工程以其近千佛岩的毗卢寺而得名。这是四川在历经明末清初长达40余年改朝换代的社会动荡之后，第一处由官方主持兴建的青衣江引水工程，按今天灌区规模分类可以归于小Ⅰ型。但是在360年前人口折损九成、百业凋零的夹江，实在是了不起的大建设。青衣江是一条山区型河流，农业区大部分在它的下游——夹江平原区。青衣江引水灌溉历史悠久，但多是灌溉面积数十亩、数百亩不等的民间小堰，在青衣江下游的支流或沿江滩地岔河小沟上取水。这些受江水涨落、砂卵石淤积而取水无定的民堰，或一村或数户自建，一场洪水之后堰口便荡然无存。毗卢堰选择了在青衣江出千佛岩峡口的干流上引水，由此获得更大范围的自流灌溉区。毗卢堰建成后，夹江县城东南平原上众多的小堰都归并到干支渠分水，形成了较为完善、节宣有度的灌溉工程体系。此后，人们称毗卢堰为"东南总堰"，有水源保障的农田因此而涵盖了夹江平原大部。毗卢堰无论是渠首无坝引水工程的布置，还是灌区渠系工程，无一不体现出古代四川沿江引水工程技术精要之处：因地制宜，以最少的工程设施发挥最大效益。

从毗卢堰到东风堰近360年历史中，工程和灌区用水管理中官民之间权与利紧密地结合：官方在总堰的岁修劳动力组织、费用的征集中起主导作用，在水事纠纷调解和用水秩序维护中具有协调和裁决的权威地位；而灌区各堰则是用水户完全自治的管理，承担各自受益范围内的工程维护。每年清明节是总堰岁修后开堰的日子，这一天也是灌区民众共同的节日，隆重的祭祀水神的仪式上，"县令必亲祭焉"，其后是民众春耕前舞龙踏青的欢聚。文化是一条无形的纽带，将官民连接起来，维系着工程可持续的群众基础。而从 2018 年开始，在每年的农历二月初二举办的东风堰放水节，向全社会展示东风堰灌溉文明，正是对水文化价值认同的再次回归。

由于青衣江河床下切，20 世纪初期、30 年代和 70 年代毗卢堰引水口三次移向上游共约 11 千米。第一次是 1900 年，因田多水少引起长期争水诉讼，毗卢堰的分支八小堰获准将堰头上延一千米，在距离千佛岩龙脑石下游 100 米处截取青衣江水源，并由此易名龙头堰。第二次是 1930 年，龙头堰已经难以正常引水，时任夹江县县长的胡疆容将进水口上移 4 千米至石骨坡，进入了峡口以上的峡谷河段，在千佛岩脚开凿了长 400 米的隧洞，扩建后提高水位约 7 米，引水条件大为改善，由是龙头堰被官方称为石骨坡堰。1950 年元月，又将石骨坡堰正名为龙头堰；1967 年，龙头堰更名为东风堰。第三次是 1975 年，东风堰进水口向上游延伸 5.88 千米至五里渡。2008 年，夹江县在五里渡筑坝建成千佛岩电站，东风堰因水电站形成水库而有了永久性的渠首工程。

四川的青衣江与陕西的泾河，似乎因水利而有了时空的相遇。毗卢堰最终的归宿与关中引泾工程郑国渠相同。秦郑国渠泾河下切，在 2000 年间引水口上移约 50 千米。直到 1932 年泾惠渠建成，泾河上建拦河大坝，渠首引水口进入上游库区后，水源才有了切实的保障。毗卢堰的始建者王士魁是清朝统治四川后夹江县第一任县令。王是陕西三原人，他的家乡是郑国渠长达 2000 年灌溉的受益区。而他选择了千佛岩称为"泾上"的地方，青衣江最后的峡口——泾口下游竹笼筑堰引水。泾上和泾口皆得名于战国末年，秦惠文王在位时（公元前 337—公元前 311 年）征服蜀国后迁徙秦移民八万家，一部分定居于青衣江沿岸、今夹江的秦人思泾水而称此地为泾上，后来将青衣江最后峡口称"泾口"，后人在千佛岩石壁上刻"古泾口"以纪其渊源。毗卢堰的创建者，一位有作为的县令，传承了关中重水利事农功的传统。难得的是他在工程完工后，没有为自己歌功颂德，而是表彰本地士绅江滨玉、向逢源修堰督工之绩，在千佛岩石壁上为他们留下了"山高水长""泽润生民"的题刻。这何尝不是对所有有功于东风堰先祖的褒奖，对水利工程价值的最好诠释。

东风堰渠道途经开凿于唐代的千佛岩摩崖造像群，南宋已经与乐山大佛同为嘉定府的胜景。千佛岩下是自乐山至雅安的驿道，是古代中原通往羌藏的茶马道的一段，这条通道上集中了古代夹江的十景：古道、石龛、题刻、名泉、瀑布、关隘、渡口、禅院、古寺，以及汉南安县县治今南安古镇。东风堰所系又何止清一代？何止夹江一地？何止灌溉一事？感谢 2014 年乐山市水务局局长郑志平先生向我们推荐了东风堰，使它进入世界灌溉工程遗产名录。东风堰为青衣江风情万千的胜景融入了历史的厚重，使更多人由此而关注水利，相信将有更多的人驻足青衣江畔，在山间淙淙流水中静静地倾听峡谷悠远的回音。

此书不仅记述了东风堰堰史，也是关于夹江、青衣江的自然与人文史。本书为东风堰存史，为青衣江代言，善莫大焉。是以为序。

谭徐明于北京

2023 年 5 月

前言

2014 年 9 月 16 日，第 22 届国际灌溉排水大会暨国际灌溉排水委员会（ICID）第 65 届国际执行理事会在韩国光州举行。会上，位于中华人民共和国四川省乐山市夹江县境内青衣江左岸的东风堰，被列入首批世界灌溉工程遗产名录。

2014 年 7 月 13 日，东风堰的国内评审会在四川乐山市举行，东风堰以其独有的历史文化风貌和可持续的灌溉工程技术内涵，得到了与会专家的高度评价，评审会的推荐意见是："东风堰灌溉工程是西南地区沿江灌溉农业的卓越范例，通过传统的无坝引水技术，实现自流灌溉，推动地方农业发展。地方政府专业指导与乡村用水户协会协同管理，保证了该工程持续运用 350 余年。同时，工程沿线遗留了大量历史文化景观，见证了灌溉工程在区域历史文化的重要地位。这一工程展现了传统水利设施的可持续利用，以及水利与当地文化的结合，呈现了东亚地区濒临消失的沿江灌溉农业的缩影。"

国际灌溉排水委员会（ICID）第 65 届国际执行理事会颁发的证书译文是："东风堰位于中华人民共和国四川省青衣江下游夹江县，列入世界灌溉工程遗产名录，国际灌溉排水委员会以此存证。

东风堰是可持续运行及管理的优秀范例，在过去的350年里为当地的生态保护和发展做出了卓越贡献。"

一、东风堰的历史文化价值

水是生命之源。道宗老子在《道德经》中说："上善若水。水善利万物而不争，处众人之所恶，故几于道。"水的利用是维持一切生命载体必不可少的条件。民以食为天，食以水为先。人类因生产生活等社会活动，需要在与大自然和谐相处的条件下对水资源合理开发利用，其中的农田水利灌溉及其技术则是促进农耕文明发展进步的重要举措。

人类社会的文明总是不断向前推进的，其赖以生存发展的重要手段——水的合理利用，也总是与自然环境和社会环境的千变万化密切相关并与之适应的，数百年来，东风堰的建设发展过程也正是如此。

在中华民族五千年来的文明进程中，在历史发生转折的时期，水利总是从战争走向和平的标识。约四千年前华夏部落联盟的领袖大禹治水，功成而有九州，开启了走向中国的夏商周三代。公元前256年至公元前251年，秦在统一六国进程中征服巴蜀后，蜀郡守李冰在岷江上兴建都江堰，川西平原获舟楫之便、灌溉之利，行洪排涝，民有所居，成就了天府之国。同时期秦在泾河上兴建了郑国渠，使关中平原成为沃野。都江堰和郑国渠的受益区成为自汉代以来国家重要的粮食产区，并得以延续至今。东风堰则是一个区域、一个时代的历史见证，丰富着宏大的中国历史和水利史。

地处成都平原西南的东风堰是夹江县境内最大的灌溉工程，位于青衣江和岷江流域之间，何时建成第一条以引水自流灌溉的古堰已无证可考。明代以前的大部分水利工程遗迹，也因时代变迁和乱世战火纷扰而消失于烟雨之中。但是，它们一定随天府之国的兴衰而存在过，此为客观延续的情势所确定的。

如四川的通济堰，其名最早见于《新唐书·地理志》，建堰历史则可以上溯到东汉建安年间。唐开元二十八年（公元740年），益州长史章仇兼琼从新津邛江口引渠南下到眉山县西南，灌溉农田六万亩，取堰名"通济堰"，后废于战乱。迨至宋代，通济堰灌溉能力开始恢复，渠首和灌区都有比较严密的管理制度。宋代的夹江人勾龙廷实，就曾经牵头修建眉州通济堰。其时，通济堰可以灌溉新津、彭山、通义、眉州四县农田三万亩。民国版《夹江县志》卷八《人物》记载："勾龙廷实，政和乙未（公元1115年）科进士。在知眉州时作通济堰，以溉民田。眉人德之，刻石以记其事，入祀乡贤祠。"

再如乐山市市中区的江公堰，它始建于北宋初雍熙元年（公元984年），后淤废；明代"成化时（公元1465—1487年），嘉定知州魏瀚筑永丰堰，取青衣江水穿洞为渠"；弘治中（公元1488—1505年）堰塞，嘉定知州曾介修复；后来兵燹，堰埂渠淤而废。清乾隆二年（公元1737年），知县江吴鉴筹款修复，民众感念其功德，将"永丰堰"更名为"江公堰"。

毋庸置疑，夹江与古代眉州（今眉山市）和嘉定州（今乐山市）具有类似的地理、气候、水利等农耕条件，而夹江具有的这种普遍性的水利工程演变历史，主要是由发源于徼外雪岭的青衣江和由它造就的得天独厚的适合人类生存发展的夹江县城东南广袤的平原等客观因素所决定的。

相关的考古发掘证明，早在新石器时期，原始先民们就在蜀中古邑夹江这块土地上辛勤劳作、繁衍生息。流经县境内33千米长的青衣江水自西北向东南奔流不息，不仅给予人们以舟楫之便而开埠兴邦，更为立县之本的农业提供了水利灌溉保障而使其百业兴旺。夹江地区在先秦时期为蜀地管辖，随同史上著名的"秦民实蜀"，从关中迁徙而来的夹江先民带来了先进生产力，也带来了兴修水利的技术和文化理念。正是这种技术和文化的融入，助推了这块土地上农耕文明社会的发展进程。明清史籍记载："夹江，蜀之良邑、汉嘉首邑……夹江，类吴中风物。"然而，造就首邑的古代水利工程大多在20世纪50年代以后逐渐被改造。幸好有东风堰，让今人可以了解水利对夹江的创造，从千佛岩的穿山隧洞感悟坚忍不拔、兴水利除水害的历史。

二、东风堰是古代青衣江水利工程的杰出代表

历史沿革告诉我们：夹江县地，在古蜀杜宇、开明时为丹犁国地；秦惠文王更元九年（公元前316年）秦灭蜀，更元十四年（公元前311年）置南安县并徙民万家实边，今夹江县为南安县地，即南安旧治；隋开皇十三年（公元593年），割龙游、平羌二县地分置夹江，于今县城北八里泾口之上置县治地；唐武德元年（公元618年），为适应社会经济发展需要，始迁县治至今址。

虽然夹江明代以前的大部分水利工程遗迹已无实物可证，但宋、明以来的水利建设确有文献记载。

南宋嘉定十六年（公元1223年）前："宋详刑张资中，大兴水利于洪雅、夹江之间，民食其德。"宋详刑张资中即宋提刑张方，资中（今资阳）人。他曾带领民众在夹江县城以西二里濒临青衣江的鹤洲新开河道，以束水势；在出千佛岩峡口左岸的龙吼滩截江引流，以资灌溉。历史的脉络清晰地表明，上述农业灌溉范围正是夹江东南坝区田亩，即今天东风堰灌区的一部分。

明代中期："邑令陆纶，首重民事，新开二堰水利，溉民田数千亩。"所谓"新开二堰"，即为毗卢堰的发轫初始，也就是明末清初古人称之的"八小、市街"二堰。其中，八小堰灌溉县城以东地区，市街堰灌溉县城以南地区。它们的灌溉范围，时为永丰、在古、辛仙、汉川乡等地，即今天的漹城镇、甘霖镇的部分田亩。

明万历十七年（公元1589年），县令林有声带领民众在县城西北五里的青衣江千佛岩峡口出口处右岸新开凿箕堰："傍山开沟、作堤截水，计分堰九道、流长二十里至观榜山止，灌永兴、汉川二乡。"它的灌溉范围，即为今天的界牌镇、顺河乡田亩。

同时期，延续使用数百年、近百年的各类水利设施比比皆是，中华人民共和国成立以来水利建设更是日新月异、蓬勃开展。它们承先启后地为这块山川秀美、人杰地灵的蜀中宝地的繁荣兴旺，为夹江经济社会和谐健康发展提供了坚实的保障、做出了显著的贡献，东风堰就是其中的杰出代表。

今天，纵观夹江县城东南坝区的灌溉历史，东风堰总干渠最原始的一部分，乃清康熙元年（公元 1662 年）整合始建于明代中期的"八小""市街"二堰修建的仅 700 米长的"东南总堰"——毗卢堰。虽然它距今仅延续使用近 360 年，但其分流引灌于田畴的干支斗农渠则于更早前曾独辟蹊径而自成体系，或又随历史的推移而分分合合。总之，它们因自然演化和农业生产及人类其他活动而变迁，其运用时代当可溯及唐宋元明乃至秦汉魏晋。

几个世纪以来，东风堰灌区人民随着时代变化不断拓展延伸总干、统筹并完善田间渠系、增设各类调控设施，使其水量充足能灌能排，确保了灌区旱涝保收、稳产高产。其引水系统由历史上几十乃至上百条或引流于青衣江左岸，或取水于马村河、蟠龙河、甘江河，以及拦截山溪水而自成体系的渠堰，到由一条 12 千米长的总干渠将渠水分流到东、西干渠再派入支斗农毛渠的统一渠系；灌区从古代的局部覆盖"在古、永丰、汉川、兴平、新仙乡"，到现在的灌溉迎江、漹城、黄土、甘江、甘霖；灌溉面积从当初的保灌面积 0.75 万亩、可灌溉最大面积 2 万亩，达到现在的保灌面积 7.67 万亩。此外，在 20 世纪 70 年代，东风堰灌溉面积还增加了抗旱引流提水灌溉县境东北部丘区的黄土、吴场镇一部，土门乡、新场镇大部共 2.10 万亩，后因几个乡镇修建了水库等水利工程才停止了对其供水，但至今仍具备对以上几个乡镇的引流灌溉能力。

从明代中期县令陆纶率众在青衣江左岸岔河引水新开八小、市街二堰，到清初县令王士魁依靠乡绅民众在县城以西三里——

青衣江左岸龙吼滩处以低堰形式扎百丈竹石长笼截流引水入八小、市街二堰的"东南总堰"毗卢堰，再到清末将八小堰上迁至龙脑石附近坐落取水而易名的龙头堰，由此在民国早年经县长胡疆容俯顺民意、依靠绅民穿山千尺上迁堰头引水于石骨坡的石骨坡堰，及至1975年又迁堰头到五里渡、最终于2008年衔接于千佛岩电站之附属电站——迎江电站尾水的东风堰，历经五个多世纪，为夹江县从农耕文明行进到现代文明的历程书写了辉煌的篇章。

三、东风堰是区域文明的见证

夹江农耕文明的进步和发展，是天府之国农耕文明和发展的缩影。在夹江这块土地上，从古巴蜀望丛二帝农桑兴国到"秦民实蜀"，又隋开皇置县，再到"湖广填四川"至封建王朝的终结，三秦和中原的农耕文化与古巴蜀农耕文化数度碰撞融合，其间经历了无数次人为与自然造成的磨难和痛苦，但终究没能够阻挡住它从农耕文明源远流长地向着现代文明进步，皆因有水利运用所做出的不可或缺的重大贡献。而东风堰的前身——毗卢堰，就是在这个过程中发挥着承上启下作用的重要载体。

"问渠那得清如许，为有源头活水来。"如今的东风堰，按其龙头河防洪节制闸设计输水能力12立方米每秒，除去冬季岁修后每年以300天计，将向约71平方千米的夹江县东南大坝送去近3.11亿立方米活水。随着城市化的进程，夹江县城较之1949年前的1平方千米已经扩容十倍之多，东风堰已经融汇其中。夹江县城因东风堰的穿流而充满活力，它的一些干渠、支渠已成为流经县城的一道景观，一些街道已由渠堰名命名，诸如"杨公堰路""邓沟步行街"，它们为夹江打造"青衣水城"奠定了坚实基础。

东风堰历史悠久，水文化底蕴深厚。东风堰灌区历来是夹江县第一大农业主产区、是夹江县经济社会发展的中心，已经彰显和昭示出不管是过去，还是现代和未来，确保渠水碧波荡漾、清流潺潺的脉动和安澜，对这块润土的经济社会可持续发展是何等的重要。正是有了这条如同母亲河一样的古堰，才成就了古代的夹江被称为"汉嘉首邑""蜀之良邑"，才使得现代的夹江拥有"西部瓷都""千年纸乡""全国卫生县城"的美誉和东风堰——千佛岩4A景区、东风堰遗产公园等惠民工程的应运而生。所以说，东风堰不仅是夹江从农耕文明到现代文明的见证，也是中国作为农业大国从农耕文明行进到现代文明的见证。

先辈功业千秋在，不废江河万古流。在青衣江流域这片土地上，自先民们洪荒拓土到二十一世纪的今天，夹江人代代相传、生生不息，不同时期的人们完成了不同阶段的水利建设之事。夹江人民记住了他们中的一些名字：如远古的大禹，先秦的李冰父子，宋代的张方，明代的陆纶、林有声，清代兴建和完善东风堰水利工程的官吏王士魁、刘际亨、李大成、杨如桂、宋家燕、王运钧、雷钟德、申辚，民国的刘子荣、曾习传、胡疆容，以及乡绅江滨玉、车延相、向逢源、吕云凤、廖成器、吴怀庸、宋岩、江楫等等。

然而，在历史长河中，还有在夹江水利建设发展进程中发挥过不可磨灭的历史作用的大量人士，其兴修的水利工程因时代的发展进步被后续替代而无迹可寻，甚至因史料残缺，其名也未垂于青史，更不为今人所知晓。但是，他们的共同之处在于，凡是以东风堰为代表的水利工程之举，若能竭思民生、尊重自然、因势利导，符合规律地进行探索完善、继承创新，做到水为人用、和谐相处，以此实现可持续利用，必将取得造福于桑梓的辉煌成就，必将成为树立在人民心中的丰碑。

东风堰堰首的不断上移、灌区的不断整合，实录了从明末清初到民国，又到中华人民共和国的一场以民为本的伟大接力。为官一任造福一方，爱民者民亦爱之，前贤们的功绩山高水长、万世流芳。

目 录

世界灌溉工程遗产研究丛书

中国卷

第一章 概 况

第一节 自然环境

夹江县属于亚热带季风气候区，年平均气温 17.1℃，地温 19.6℃，≥ 10℃年有效积温为 5464℃，年均降雨量 1357 毫米，全年日照时数 1156.3 小时，无霜期 307.9 日。该气候特征适宜多种农作物和经济果木的生长，但因受季风活动和盆地特殊自然地理环境影响，降水时空不均，春夏多旱，秋多绵雨。

东风堰灌区为夹江县东南坝区，自然条件优越，田多地少灌溉方便，农田利用率高，是全县第一大粮、油、蔬菜生产基地。灌区土壤为潮性土和水稻土，多属沙壤土，保水性差，但西北部为沙泥土壤，含胶状泥砾和亚黏土，保水性强。因此，引流灌溉是保障区域内农业生产发展的最有利因素。

一、地理位置

夹江县位于四川盆地西南边缘向峨眉山中山区的过渡地带，地处东经 103°17′ 至 103°44′，北纬 29°38′ 至 29°55′。县境东邻眉山市青神县，东南连乐山市市中区，南接峨眉山市，西靠眉山市洪雅县，北毗眉山市丹棱县，东北傍眉山市东坡区。县境东端在青州乡石滩村，西端在歇马乡尖峰村，南端在顺河乡宿坪村，北端在永青乡光荣村。全县东西距离长 43.70 千米，南北距离宽 33.50

千米，幅员面积 748.47 平方千米。

东风堰的主要取水水源来自青衣江，其渠首与千佛岩水力发电站之附属电站——迎江电站尾水衔接，引水水位在海拔 421.5~422.5 米之间，地理坐标是东经 103°29′58″、北纬 29°47′10″；自流灌溉范围是青衣江左岸——东经 103°29′58″ 至 103°39′46″、北纬 29°39′48″ 至 29°47′10″，由冲积物沉积形成的约 74 平方千米的平坝地区，其中，千佛岩峡口以上 3 平方千米、千佛岩峡口以下 71 平方千米。东风堰主灌区地面平坦开阔、微有起伏，地势由西北向东南倾斜，灌区坡降 1.7‰。漹城镇的黄田坝为东风堰主灌区的较高点，海拔 414 米；甘江镇的康中坝为东风堰主灌区的最低点，也是青衣江夹江段的出境处，海拔 380 米，见图 1-1。

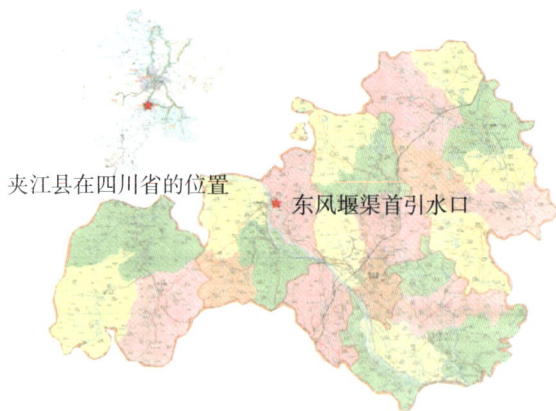

图 1-1　夹江县政区图（东风堰管理处供图）

夹江县在四川省的位置

东风堰渠首引水口

二、地层地质地貌

（一）地层

夹江县在地质分区上属于四川盆地分区成都小区，出露地层有：三叠系须家河组（T3Xj）；侏罗系自流井组（J1-2Z）、沙溪庙下组和上组（J2S1·J1S2）、遂宁组（J2Sn）、蓬莱镇组（J3p）；白垩系夹关组（K2j）、灌口下组和上组（K2g1K2g2）；新第三系（N）、第四系冰水沉积层（Q2）和近代河流冲洪积层（Q4）。

全县第四系地层甚为发育且分布广、覆盖面积大，主要是近代河流冲洪积层形成的一二级阶地和雅安冰碛层、冰水沉积层组成的三四级阶地，覆盖了县境东半部，面积56.36万亩（1亩=0.067公顷），占全县面积的50.20%。县境西半部主要为红层所覆盖，其中白垩系灌口组砖红色泥岩和夹关组中至巨厚层砂岩，出露面积31.10万亩，占全县面积的27.70%；侏罗系的蓬莱镇、遂宁、沙溪庙和自流井组出露面积合计21.67万亩，占全县面积的19.30%；三叠系出露面积1.12万亩，占全县面积的1%；新第三系2.02万亩，占全县面积的1.80%。1977年前，以上地层面积共112.27万亩。

近代河流冲洪积层27.17万亩，占全县面积的24.20%。其中，第四系近代河流冲洪积层分布在包含东风堰自流灌区的青衣江主干及其支流与金牛河沿岸两侧的河漫滩及一级阶地，上部是0.50~2米厚的泥质粉砂土、砂质黏土；下部是2~10米厚的砂层或砂砾石层，砾石成分以岩浆岩、变质岩为主。分布在包含东风堰自流灌区的青衣江流域平坝的二级阶地、第四系近代冲洪积层，是一系列中冲积扇群组成。上部是厚1~5米的黄褐色砂质黏土、黏质砂土、淤泥质砂土；下部厚0~20米，为砂或含砂砾层，卵石层或与黏土交错成层。

第四系雅安期冰碛层、冰水沉积层29.19万亩，占全县面积的26%，广泛地分布在：包括修建于1973年、其水源来自东风堰的黄土埂三皇庙提灌站提水灌溉的黄土镇一部和合峰岭三倒拐提灌站——经由近 25 千米抗旱渠在特大旱灾时供水灌溉的土门及新场镇全部，吴场、永青、三洞、梧凤、青州等乡镇大部，界牌镇、顺河乡一部。台地表部是橙黄色泥、砾石层，厚 7~48.90 米；下部是橙黄色、棕黄色与带红色的强风化泥砾层，其结构紧密、局部呈半胶结状，偶见 1 米厚的漂石。

（二）地质

夹江县境所处大地构造位置，在扬子准地台四川台坳川西陷之南部，跨三个四级大地构造单位，地质构造上具有明显的东西向分区特点。即：西部广泛露出中生代地层，以褶皱断裂为特征；包含东风堰自流灌区的中部地区，广泛分布新生代第四代系沉积层向斜槽地；南东部边缘为龙泉山褶束的北西部，白垩系地层以单斜为主。区域地质构造走向以东北至南西为主，西部局部为南至北向。自西向东主要地质构造有褶皱构造和断裂构造。

褶皱构造中：歇马场向斜走向近南北，形态宽缓，向北敞开，核部为白垩系灌口下组地层，两翼为白垩系夹关组地层。牛背山倾伏背斜北延至县境，西翼东缓西陡，核部为三叠系上统须家河组地层，两翼为侏罗系地层；北斜向北延至木城一带即倾伏，背斜轴向由北略转北向。南安向斜系一宽缓短轴向南北的向斜，核部为白垩系灌口组下组地层，两翼为侏罗系中统地层。三苏背斜长 30 余千米，为北东至南西向紧密线状背斜，两翼西陡东缓，核部平缓，为侏罗系中统遂宁组下组地层组成；该背斜在本县南起老黄坡，向北延长出县境。思蒙至峨眉新生代向斜槽地，在区域上广布第三系和第四系地层，厚达 150 米以上，其下可能为中生代地层所构的宽敞向斜。龙泉山背斜为区域性构造，县内仅在东南边缘见其西北翼缓倾斜的单斜构造。

断裂构造中主要为灰厂沟逆断层，从牛背山背斜西翼向北东经截切至沙坝，发育于背斜东翼；断层面倾向北西，背斜东翼见侏罗系下统白田坝地层，逆伏于侏罗系上统遂宁组上组之上部，断距 300 米以上；此断层仅局部通过县境内。欧大山至老黄坡逆冲断层，南起南安向斜东翼，向北东发育于三苏背斜西翼，县境内延伸长度达 18 千米；断面倾向南东，在迎江一带见白垩系下统灌口组下组中上部，逆伏于白垩系下统灌口组上组下部；在老黄坡白垩系下统夹关组，逆伏于白垩系下统灌口组上组之上部，地层断距在数百米以上，并有由南向北渐小之势。白马场逆冲断层与欧大山至老黄坡断层平行，断层面斜向南东，倾角 45°~50°；据钻井资料表明，其与欧大山至老黄坡断层在地下倾角变缓至 20°~30°；此断层在县境内延伸长度约 10 千米，侏罗系中统沙溪庙组上组逆伏于侏罗系上统蓬莱镇组之上。千佛岩逆冲断层发育于三苏场背斜东翼，在县境内延长达 8 千米，走向北东 30°；断层面倾西北，倾角 30° 左右。白垩系下统夹关组地层，逆伏于白垩系下统灌口组下组之上部；上盘地层产状正常，下盘地层变陡乃至倒转。

（三）地貌

夹江县地处峨眉山东北麓，是四川盆地西南边缘向峨眉中山区的过渡地带。

县境大旗山以西为山地，海拔 1000 米以上的山岭多集结于此，主山为峨眉山余脉，山高、坡陡、谷深，山脉呈树枝状分布。谷岭高差 100~700 米，歇马乡斗笠山海拔 1451 米，是全县最高点。包含东风堰自流灌区的中部坝区，由青衣江自西北向东南斜贯县境 33 千米，沿江均为第四纪冲积层所形成的河漫滩和谷地，地势开阔平坦，甘江镇青衣江出境处海拔 380 米，是全县最低点。包含东风堰引水提灌的黄土镇一部、土门及新场镇全部的东部广泛分布着丘陵和台地，在三洞镇一带有明显的一级阶地，覆盖着一层深厚的雅安砾石层，顶部较平坦。整个地势由西北向东南倾斜，构成山地、平坝、台丘分明的地貌轮廓。

按省农业地貌类型统一分类系统，县地貌分平坝、台地、低丘陵、高丘陵、低山、低中山、山原七类。对于高丘陵、低山、低中山，依据坡度陡缓，小于 25° 的为缓坡、大于 25° 的为陡坡。全县大于 25° 的陡坡面积为 5.77 万亩，占全县面积的 5.14%。

全县台地面积 14.63 万亩，占总面积的 13.03%。多分布在县境东北部，由雅安期冰碛物和冰川沉积物堆积而成，在土门乡境一带厚达 70 余米。台面较平坦，呈波状起伏，起伏量小于 20 米；台地边缘，形成浑圆状小丘。主要台地有青衣江流域的东南平坝以北、金牛河大坝以南的土门至新场台地，包括土门乡、新场镇全部，吴场、马村、黄土、梧凤、青州、蟠龙及甘霖等乡镇的部分；金牛河大坝的东北面为娴婆至桂花台地，包括吴场、永青、三洞、青州等乡镇的部分地区。

全县丘陵面积 22.70 万亩，占总面积的 20.22%。主要分布在县境中部的中兴向斜和任山背斜两翼及东部台地边缘，多为不对称丘陵，海拔 450~600 米、相对高差 20~100 米。县境中部沿迎江、漹城、马村、中兴、吴场乡镇一线为高丘陵，土门乡至新场镇台地的东南端、甘江镇和甘霖镇的东南部与乐山交界的地带为低丘陵。

全县平坝面积 32.95 万亩，占总面积的 29.35%。大部分是发育在河谷两岸的阶地平坝和发育在丘陵间的沟谷平坝，相对高差小于 20 米。集中成片的有：

包含东风堰自流灌区在内的青衣江大坝分布在青衣江沿岸，以千佛岩谷口分为上下两部分。上部分为木城大坝，东至古寺山，西至大旗山，西北至石面渡，东南至千佛岩谷口，坝区顺江长约 12 千米，最宽处约 3 千米，海拔 437~410 米，比降 2.20%。下部分为东南平坝，从千佛岩谷口顺江而下至青衣江的出境处，西南从纸厂沟到鱼市嘴至乐山牛头堰一线，东北至谢碥至张桥、魁山庙、二郎庙一线，坝区的西北部分有黄土埂等剥蚀残丘，坝区长约 16 千米，最宽处约 10 千米，海拔 427~380 米，为县内最大坝区。

金牛河大坝位于县境东北部分，包括永青乡、吴场镇部分，三洞、梧凤、青州乡镇大部分，长约 17 千米，宽约 2 千米，海拔 457~380 米。

县境内山丘间尚有一些小平坝，多在几平方千米之内，如歇马乡的李坝、中兴镇的席草坝和牛耳子坝、迎江乡的师坝等。

全县低山、低中山面积 33.86 万亩，占总面积的 30.16%。由县境中部的任山背斜穿过青衣江与鹰咀山、黑包山、大旗山相连形成低山和低中山地貌，海拔 500~1430 米。

县境西部木城大坝东西两侧，即周柏岗至周岩、石缸银、黄鞍漕一线以西，包括界牌、顺河、迎江、漹城、马村、中兴、吴场等乡镇的部分，为海拔 500~1000 米的低山地貌。

大旗山以西，包括木城镇部分，南安、龙沱、华头、麻柳、歇马等乡镇，大部分为海拔 1000 米以上的低中山地貌。

全县山原面积 1.08 万亩，占总面积的 0.96%。分布在县境低山、低中山的山顶、山脊或山坡上，相对高差（不包括水域）小于 200 米，坡度小于 10°。

东风堰渠系分布于四川盆地新华夏系沉降带，龙泉山断褶带南端，三苏背斜倾伏端西南端之尾部。区域内地层因受白垩系末以来的构造运行，影响发育的有北西部的欧大山断层和东南部的老黄坡断层，均为北东向的构造形迹。灌区出露地层主要有：第四系全新统冲洪积卵砾石层及上、中更新统的泥夹卵石层，白垩系灌口组泥岩、砂质泥岩、夹关组厚层、巨厚层状砂岩夹粉砂岩、砂质页岩以及侏罗系蓬莱镇组、遂宁组、沙溪庙组泥岩及砂质泥岩。渠线基本上处于青衣江Ⅰ、Ⅱ级阶地上，部分渠道及建筑物基础置于松散堆积砂卵砾石层上，见图1-2。

图1-2　夹江县遥感影像（东风堰管理处供图）

三、土壤

（一）土壤分类

1983年，在第二次土壤普查中，按全省土壤分类系统将全县土壤归并为5个土类、10个亚类、26个土属、51个土种、73个变种。主要土壤类型有水稻土、紫色土、黄壤土、潮土、红壤土。

全县有水稻土20.84万亩，占耕地面积的73.70%。根据母质不同又可分3个亚类，即潮土性水稻土7.59万亩，占水稻土的 36.40%，主要分布在包含东风堰自流灌区在内的青衣江、金牛河、马村河等河流沿岸的二级阶地；黄壤性水稻土 9.25 万亩，占水稻土的 44.40%，主要分布在包含东风堰引水提灌区在内的东部老冲积台地和再冲积平坝上；紫色性水稻土 4 万亩，占水稻土的 19.20%，主要分布在紫色山、丘区的缓坡、谷地。

全县有紫色土 4.27 万亩，占耕地面积的 15.10%。有 3 个亚类，即酸性紫色土 1.89 万亩，分布在大旗山、华头镇、周柏岗一带，主要由白垩系夹关组的砂岩和酸化紫色页岩风化物发育而成，占紫色土的 44.20%；中性紫色土 0.32 万亩，分布于中兴、迎江、漹城、华头镇，母质为沙溪庙组的灰棕紫色泥页岩风化物、残积物和坡积物，占紫色土的 7.50%；石灰性紫色土 2.06 万亩，分布于马村、漹城、黄土、迎江、木城、龙沱、南安、界牌、中兴、吴场、华头、歇马、麻柳等乡镇，母质为灌口组、蓬莱镇组、遂宁组的泥岩风化物，占紫色土的 48.30%。

全县黄壤土占耕地面积的 5.60%，主要分布于县境东部的老冲积台地，母质为第四系冰碛、冰水堆积物；潮土占耕地面积的 5.50%，主要分布在青衣江、金牛河、马村河两岸，母质主要为河流冲积物组成；红壤土仅占耕地面积的 0.10%，零星分布于东部浅丘台地，即新场镇、土门乡的老冲积台地上，母质为第四系中更新统冰碛、冰水沉积物。

（二）土壤性质

根据县第二次土壤普查的化验分析，全县土壤主要理化性质如下：

土壤的质地为：沙壤有 3 个土种，占耕地面积的 7.20%；轻壤有 4 个土种，占耕地面积的 6.40%；中壤有 26 个土种，占耕地面积的 32%；重壤有 18 个土种，占耕地面积的 54.40%。

碳酸钙含量：无碳酸盐反应的有 32 个土种，占耕地面积的 45.20%；碳酸盐反应在 2~3 级、含量在 1% 以下的有 5 个土种，占耕地面积的 25.20%；碳酸盐反应在 4 级、含量在 1%~5% 的有 11 个土种，占耕地面积的 20.20%；碳酸盐反应强烈、含量为 5%~10% 的有 3 个土种，占耕地面积的 9.40%。

酸碱度 pH 值小于 5.5 的强酸性土有 7 个土种，占耕地面积的 23.20%；pH 值在 5.5~6.5 的酸性土有 25 个土种，占耕地面积的 39.60%；pH 值在 6.5~7.5 的中性土有 10 个土种，占耕地面积的 19%；pH 值在 7.5~8.5 的碱性土有 9 个土种，占耕地面积的 18.20%。

有机质含量大于 4% 的一级土有 6 个土种，占耕地面积的 10.30%；含量为 3%~4% 的二级土有 6 个土种，占耕地面积的 14%；含量在 2%~3% 的三级土有 17 个土种，占耕地面积的 22.40%；含量在 1%~2% 的四级土有 20 个土种，占耕地面积的 53.20%；含量在 0.60%~1% 的五级土有 2 个土种，占耕地面积的 0.10%。

含氮量大于 0.20% 的一等土有 7 个土种，占耕地面积的 11.70%；在 0.15%~0.20% 的二等土有 15 个土种，占耕地面积的 15.80%；在 0.10%~0.15% 的三等土有 18 个土种，占耕地面积的 56.40%；在 0.075%~0.10% 的四等土有 10 个土种，占耕地面积的 13.60%；在 0.05%~0.075% 的五等土有 1 个土种，占耕地面积的 2.50%。

碱解氮含量大于 150 毫克 / 千克的一等土有 14 个土种，占耕地面积的 36.40%；在 120~150 毫克 / 千克的二等土有 14 个土种，占耕地面积的 28.70%；在 90~120 毫克 / 千克的三等土有 14 个土种，占耕地面积的 21%；在 60~90 毫克 / 千克的四等土有 6 个土种，占耕地面积的 8.40%；在 30~60 毫克 / 千克的五等土有 3 个土种，占耕地面积的 5.50%。

速效磷含量在 20~40 毫克 / 千克的一等土有 1 个土种，占耕地面积的 1.20%；含 10~20 毫克 / 千克的二等土有 5 个土种，占耕地面积的 7%；含 5~10 毫克 / 千克的三等土有 26 个土种，占耕地面积的 53.60%；含 3~5 毫克 / 千克的四等土有 17 个土种，占耕地面积的 34.40%；含 3 毫克 / 千克以下的五等土有 2 个土种，占耕地面积的 3.80%。

速效钾含量大于 200 毫克 / 千克的一等土有 4 个土种，占耕地面积的 0.80%；含 150~200 毫克 / 千克的二等土有 14 个土种，占耕地面积的 14.40%；含 100~150 毫克 / 千克的三等土有 17 个土种，占耕地面积的 37.50%，含 50~100 毫克 / 千克的四等土有 14 个土种，占耕地面积的 43.30%；含 30~50 毫克 / 千克的五等土有 1 个土种，占耕地面积的 3%；小于 30 毫克 / 千克的有 1 个土种，占耕地面积的 1%。

通过综合分析，耕地土壤生产力评级是：

上等土壤 59498 亩，占耕地面积的 21%；

中等土壤 142133 亩，占耕地面积的 50.80%；

下等土壤 81249 亩，占耕地面积的 28.20%。

四、水文气象

（一）地表水

青衣江以青衣羌国而得名，又名平羌江、雅河，在魏晋南北

朝以前名叫青衣水，又称沫水、大渡水。青衣江是长江三级支流、大渡河的一级支流，发源于青藏高原夹金山脉与邛崃山脉南段之间的蜀西营（海拔高程4930米），主源是发端于宝兴县硗碛藏族乡蚂蟥沟的宝兴河；由宝兴河、荥经河、天全河、芦山河、周公河、名山河、花溪河、稚川溪等支流汇成；它在飞仙关以下始称青衣江，经雅安、洪雅、夹江至乐山市市中区草鞋渡汇入大渡河，全长289千米；流域面积为12928平方千米，多年平均年径流总量为189亿立方米。

清嘉庆《夹江县志·卷二·方域志》记载："青衣水，源出天全州徼外董卜韩胡之境，故《水经注》曰沫水出青衣蒙山也。从天全南流，经芦山、雅安诸县至水口入洪雅县界，三十五里合花溪，二十里过洪雅县城，二十五里入夹江县界，五里合稚川溪，五十里过县，二十里入乐山县界，四十里至郡郭会大渡水入岷江。"

青衣江流域西北部气候属高原天气系统，中部和南部属亚热带湿润气候区，年平均气温为14~17℃，降水为其径流的主要来源，融雪和地下水为其径流的有效补充来源。青衣江水系分布：在飞仙关以上如全开的折扇，其面积占全流域67.7%；在飞仙关以下，则逐渐收束、状若扇柄，至河口一段两岸分水岭即逼近河岸；从河口（海拔361.3米）溯至上游北面最高处的大雪峰（海拔5364米），相对高差约5003米。这种奇特的地形条件，是造就青衣江流域独特气候条件的主要因素。

闻名全国的青衣江暴雨区、或称峨眉山暴雨中心，就是在这一背景下形成的。全流域24小时最大降水量可达373.3毫米，而多年平均降水深则达1776.7毫米；年平均降水量由东南向西北递减，雅安年平均降水量1775毫米、宝兴963毫米；7—9月占全年总量 60% 左右，12—2 月仅占全年总量 4%。流域内的降水年际变化较大，以雅安为例，其多雨年降水量为 2510.4 毫米、少雨年仅 1204.2 毫米，相差 1300 多毫米。1938 年，在下游的千佛岩由夹江水文站测得 24 小时最大暴雨量为 565 毫米，为全流域之冠。

据多营坪水文站、夹江水文站 30 余年统计，多年平均径流深分别为 1334.4 毫米、1052.3 毫米，为四川省各大河流之冠。受流域和地下径流的调节，径流年内变化较小，7—9 月总水量多营坪水文站、夹江水文站分别占全年总水量 55% 和 54%，而 12—2 月总水量上分别可占年总水量 7.6% 和 6.9%，最大月与最小月水量比亦在 10 倍左右。径流年际变化的变差系数为 0.14，夹江水文站 34 年实测资料中，最大年平均流量 655 立方米每秒（公元 1954 年）为最小年平均流量 410 立方米每秒（公元 1979 年）的 1.6 倍。

青衣江在夹江县境内流经木城、迎江、南安、漹城、界牌、顺河、甘江 7 个乡镇，于甘江镇九盘山下新民村莫湾入乐山市市中区，流长 33 千米。青衣江在夹江县境内江心沙洲最为发育，河床最宽处达 1200 米，最大沙洲面积达 1.3 平方千米；在千佛岩处，河床紧缩为 379 米，是青衣江最后一段长约一千米的峡谷。千佛岩以上流域面积 12588 平方千米，年径流量为 162.50 亿立方米，年平均流量 515 立方米每秒，最小流量 100 立方米每秒，多年平均枯水流量为 120 立方米每秒，年平均输沙量 860 万吨左右。

青衣江在县境内河段别称漹江或漹水，由千佛岩处分为上下两段，均为平坝地带；河道发育多变，治理青衣江工程实施以前，原有九湾、十二滩、十一条岔河；由是，木城坝、东南平坝被岔河分割成十多个孤岛，有数十个不稳定的江心洲。

在石面渡以下分为左右两支，将江中坝包围其间，两支在芦溪口合流。上段主河道在清末民初自五里滩流向迎江场，到南安渡往南过青木滩，转东经张口、阮碃到千佛岩。民国六年（公元1917年），迎江至南安渡河道淤塞，木城至南安渡的支流成了主河道。民国十九年（公元1930年）以后，青木滩淤积，主河道经茅坝与金子石间到两合水流向千佛岩。民国二十九年（公元1940年）至民国三十七年（公元1948年），马湾至戴桥的支流冲开成主河道，经南安渡。1955年，蓝坝与灰铺子之间至大岩沟的支流成了主流，从此主河道又经张口、阮碃流向千佛岩。

下段主河道在古代时，原从永兴坝沿化成山至鱼市嘴、虎军山、二道岩，后因河床淤塞，又演变成近代河道。

由此至1965年以前，青衣江主河道刚出千佛岩峡口后，在以左的彭滩处分出龙头河，以右的凿箕堰取水口处分出干河子；下至姜滩，又分出以左的姜滩支流和以右的金银河；再下至老堰口，又接连分出以左的万华河、佘华河两大支流，以右的箭槽河；至于朱河、西河等小分支，支又分岔就更多且历年不定。在龙头河至新开河再至甘江河以右地区，孤岛和不稳定的江心洲星罗棋布，枯期则滩槽多、河湾多、河汊多，呈现出网状的河床景观，以致主流变动频繁，而大洪水时则又成汪洋泛滥。那时，人们往来于甘江铺和顺河场，最快的途径也要摆五道渡船。在这样的原始自然条件下，决定了夹江东南坝区在1949年以前的农业灌溉用水，是以若干条自成体系的截取江流的堰渠引水为主，配之以水车和筒车提水的方式来实现的。

木城镇汉柏村石面渡（古称"十面渡"）处，于1958年建有跃进渠堰首，系无坝引水口；1975年，迎江乡五里渡处建有东风堰堰首，系无坝引水口，见图1-3、图1-4。

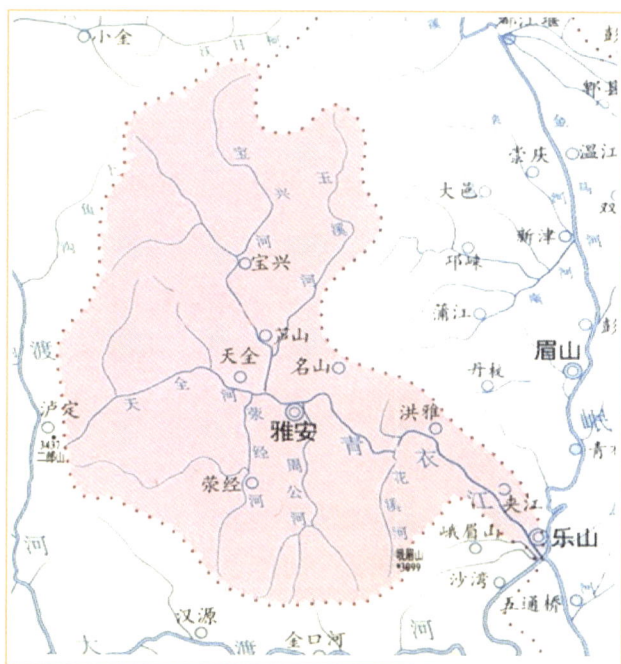

图1-3　青衣江水系图（东风堰管理处供图）

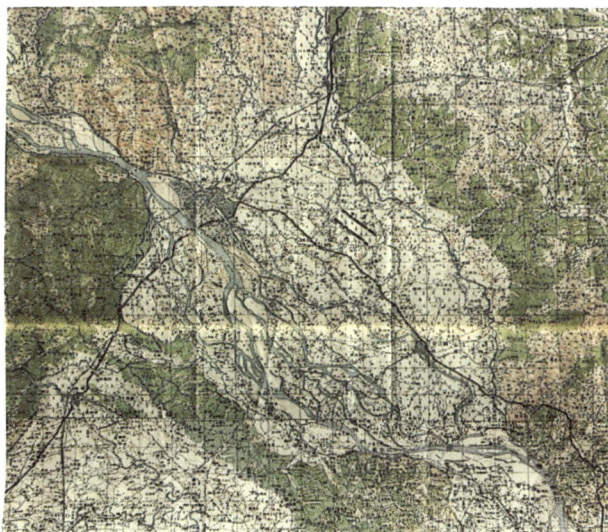

图1-4　青衣江千佛岩以下夹江段河道
根治前地形图（东风堰管理处供图）

稚川溪 别名川溪河，相传晋人葛稚川炼丹于此而得名，是青衣江在夹江县境内的第一大支流。稚川溪上游为两大支流，一支发源于峨眉山市太阳坪，流经华头镇；一支发源于洪雅县桃源乡，流经麻柳乡。稚川溪与乱石溪汇合后，由南向北，流贯歇马乡腹部，经洪雅县三宝乡，在石面渡流入青衣江，流长 38 千米，其中夹江县境流长 28 千米；流域面积 250 平方千米，其中夹江县境流域 150 平方千米；年径流量 0.94 亿立方米，年均流量为 2.98 立方米每秒。该河河床深切、岸坡陡峭、河谷狭窄、水流湍急、涨落变化大，是典型山溪河流。

马村河 又名蟠龙河、盘渡河，是青衣江在夹江县境内的第二大支流。以不同的地段异名：马村乡至黄土镇雷店村半边山一段名带河；黄土镇境内一段称蟠龙河；甘霖、甘江镇境内一段叫盘渡河。马村河发源于马村乡牛仙山东麓的彭咀、李咀，在九盘山麓的二郎庙下汇入青衣江。马村河全长 30 千米，流域面积 158 平方千米，年径流量约 0.91 亿立方米，多年平均流量为 2.92 立方米每秒，见表 1-1。

另有南安河、大桥沟、淡堰溪、廖堰、七星沟等小河。

表 1-1　　　　　　夹江县青衣江水系主要河流特性表

河流名称	流域面积/平方千米	县内河长/千米	多年平均流量/立方米每秒	最大洪峰流量/立方米每秒 相应水位/米 出现时间	最枯流量/立方米每秒 相应水位/米 出现时间	理论藏量/100千瓦
青衣江	12928	33	515	18700 416.3 1917 年 7 月 21 日	76.9 407 1978 年 2 月 26 日	46.38

河流名称	流域面积/平方千米	县内河长/千米	多年平均流量/立方米每秒	最大洪峰流量/立方米每秒 相应水位/米 出现时间	最枯流量/立方米每秒 相应水位/米 出现时间	理论藏量/100千瓦
稚川溪	250	28	2.98			1.082
马村河	158	30	2.92			0.026

（二）地下水

分布于青衣江及其支流以及金牛河沿岸的冲洪积平原的含水层为松散岩类孔隙水。冲洪积平原以包含东风堰自流灌区的夹江平坝（东南平坝）、木城平坝（南安坝）最为丰富。此外，在冰碛、冰水沉积的台地也有分布。含水层主要由第四系全新统河流冲积、冲洪积及更新统冰碛、冰水沉积组成。岩性为砂、卵石、砾石或黏土，其厚度、含水量及水位埋深各地不一。

青衣江千佛岩以上的河漫滩和一级阶地，为水量较丰富地区。单孔涌水量 100~1000 吨每日，含水层厚度一般为 0~10 米。

青衣江千佛岩谷口下段，沿河两岸呈条状分布的河漫滩及一级阶地，水量丰富。单孔涌水量 1000~3000 吨每日，具有较稳定的潜水面，水位埋深为 1~6 米。据罗河坝钻孔，孔深 31 米，降深 6.50 米，涌水量为 1699 吨每日。

夹江平坝的二、三级台地，为水量中等地区，单孔涌水量 100~500 吨每日。一般含水性不好，如三洞 6 号孔，孔深 79.88 米，涌水量 194.23 吨每日。水质为碳酸钙·钠型；如黄土镇 10 号孔，孔深 71.60 米，涌水量 366.25 吨每日，水质为碳酸钙·镁型。

碎屑岩类孔隙、裂隙水分布于县西部和南部的低山区。水量不大，单井出水量为10~100吨每日，水质在浅部为重碳酸钙型水、深部为氯化钠型水，pH值在6.4~7.5，矿化度0.01~0.29克每升。在华头场南部的"秀水沟"溪水覆盖之下发现温泉，测得其水温在29~29.6℃；水质为硫酸钙型，含硫化氢气体，偏生硼、锶、溴、铀的矿泉水，矿化度为3.333克每升，具有医疗价值。

基岩裂隙水分布于县西部及北西部低山区和东南部丘陵区。在中兴镇的大路坎、马村"4992"工地及漹城镇的"933"仓库等三处，施工的钻孔普遍含承压水，涌水量198.89~385.34吨每日，地下水温19℃，水质为碳酸钙·镁型水，矿化度0.2~0.5克每升。

据千佛岩及黄土、土门等地出露标高389~590米的15个裂隙下降泉、井水的调查，发现有硅酸饮料矿泉水可开发利用。

五、气象

夹江县境属亚热带季风气候区，四季分明，具有明显的季风气候特征。有"春早回暖快，雨少多日照，低温常侵袭，春寒更料峭；盛夏多暴雨，温高无酷热，洪涝汛期到；秋高降温早，细雨绵绵下，三秋望晴日，云多日头少；十月小阳春，冬暖少雪霜，严寒驻不久，雨稀雾常罩"等特征。

县境内总的气候特点是"四季分明"，夏、冬两季较长，均在三个月以上；春、秋两季由于温度的升降较快，均不足三个月。以平均气温10℃、22℃为四季的界限指标，县境四季划分为春：3月6日至6月2日；夏：6月3日至9月9日；秋：9月10日至11月29日；冬：11月30日至3月5日。

县境年平均温度为 17.1℃，最高的 1963 年为 17.8℃，最低的 1976 年为 16.3℃。有 68.2% 的年平均温度为 17~17.5℃，年平均正积温 6262℃。冬季最冷月（1 月）的月平均温度为 6.7℃，极端最低温度为 –4.2℃，平均无霜期长达 307.9 天。最热的七月平均气温为 26℃，极端最高温度为 36.6℃（1972 年 8 月 14 日）。高于 35℃的极端气温出现过 62 次，年平均为 2.3 天。

气温的年际间变化较大，20 世纪 40 年代的气温较高、变幅较大，从 40 年代末期开始进入低值期。从民国二十六年（公元 1937 年）到 1950 年的 14 年内，≥17.3℃的正积温≥6300℃有 11 年，占 14 年的 78.60%；而≥17.6℃的正积温≥6400℃有 9 年，占 14 年的 64.29%。自 1951—1980 年的 30 年里，≥17.3℃的正积温≥6300℃的仅 13 年，占 30 年的 43.30%；≥17.6℃的正积温≥6400℃的仅 4 年，占 30 年的 13.30%；而<17.3℃的正积温<6300℃的却增加到 17 年，占 30 年的 56.70%。

四川是全国日照的低值区，夹江处于峨眉至雅安多雨区之间，日照条件更差。全年平均日照数为 1156.3 小时，占可照时数 4425.9 小时的 26%，比乐山少 1 个百分点、比成都少 8 个百分点。全年总辐射量为 86.168 千卡每平方厘米，比乐山偏少 1.10%、比成都偏少 5.70%，见表 1–2。

光热的地域分布不均，西部低山区少于坝、丘、台区。青衣江主河道一线全年平均日照时数为 1100 小时；青衣江东北部日照时数多于西南部。坝、丘、台区差异较小，平均年日照时数在 1100 小时以上，西部低山区仅 1000 小时左右；低山区与紫色土丘区为过渡地带，年日照时数在 1000~1100 小时。

日照的总辐射量冬少夏多。夏季（6—8月）平均日照时数为476.8小时，占全年的41.20%；冬季（12月至次年2月）仅150.8小时，占全年的13%。大春作物栽培季节（4—10月）日照总时数为854.6小时，占全年的73.90%；总辐射量为62.38千卡每平方厘米，占全年的72.40%。小春作物栽培季节（11月至次年4月）的日照总数为425.1小时，占全年的36.80%；总辐射量为32.8千卡每平方厘米，占全年的38.10%，见表1-3、表1-4。

日照的年际变化幅度较大。1969年最多，达到1305.5小时；1964年最少，只有927.5小时。1966—1973年光照条件最好，8年的平均值达1238.9小时，比1949—1965年17年的平均值多81.6小时。自1974年开始，光照条件进入了低值期，1974—1980年7年的平均值只有1103.1小时，比1949—1965年的平均值少54.2小时。

表1-2　　　　　　　夹江县与乐山市、成都市全年光热条件比较表

项　目	地　名		
	夹江县	乐山市	成都市
日照时数/小时	1156.3	1177.9	1258.0
可照时数/小时	4425.9	4425.9	4426.8
日照百分率/%	26	27	28
太阳总辐射量/（千卡/厘米²）	86.168	87.125	91.355

表 1-3

夹江县各月日照时数和太阳总辐射量表

	1月	2月	3月	4月	5月	6月	7月	8月	9月	10月	11月	12月	全年
日照时数/小时	50.1	57.1	95.1	123.1	119.2	126.3	167.4	183.1	77.9	57.6	55.1	44.6	1156.6
占全年的百分比/%	4.3	4.9	8.2	10.6	10.7	10.9	14.5	15.8	6.7	5	4.8	3.9	
总辐射量/(千卡/厘米²)	3.987	4.679	7.340	9.012	9.357	9.556	11.265	11.337	6.663	5.19	4.189	3.594	86.169
占全年的百分比/%	4.6	5.4	8.5	10.5	10.8	11.1	13.1	13.2	7.7	6	4.9	4.2	

表1-4　　　　夹江县 1986~2005 年各月日照时数

	1月	2月	3月	4月	5月	6月	7月	8月	9月	10月	11月	12月	全年
日照时数 / 小时	39.4	42.1	76.4	112.8	122.7	109.0	136.5	134.3	72.6	46.2	47.9	36.5	976.4

六、降水

　　1959—1985 年的 27 年间，县平均年降水量为 1375 毫米；年最多降水量 2077.8 毫米（公元 1961 年），年最少降水量 1014.8 毫米（公元 1969 年），相差一半多。27 年中，年降水量 ≥ 1400 毫米有 11 年，占 41%；≥ 1220 毫米的 17 年，占 63%；≥ 1110 毫米的有 24 年，占 88.90%；< 1110 毫米的仅 3 年，占 11.10%。

　　1959—1966 年的变幅较大，这 8 年的平均年降水量达 1484.7 毫米，其中 1961 年、1966 年降水量 > 1880 毫米；1967—1972 年，连续 6 年降水量都在平均值以下，为少雨段，其中 1969 年和 1970 年降水量特少，均在 1100 毫米以下；从 1973 年开始至 1980 年的年降水量比较稳定，这 8 年的平均降水量为 1370.9 毫米，降水的年较差仅 494.8 毫米。

　　夹江县内年降水量充沛，但四季分配很不均匀，全年各月的降水量呈陡峭的单峰状分布。6—9 月的降水量都在 150 毫米以上，其中 7—8 月多达 338 毫米；而 12 月、1 月的降水量则不到 12.7 毫米，相差 96%。夏季（6—8 月）降水量可达 832.7 毫米，占年降水量的 61.40%；而冬季（12 月至次年 2 月）降水量只有 45.7 毫米，仅占全年的 3.40%。

　　降水的地域分布不均，东北部台、丘、坝少于西部低山区。测数以土门气象哨为代表，年降水量仅 1049.3 毫米，比地处中部坝区的县气象站的 1357 毫米少 22.68%；西部低山区的华头气象哨年降水量达 1668.4 毫米，比县气象站所测数据多 22.95%。东、西部年降水量相差 619.1 毫米。

根据峨眉山地降水考察推算，全县低山区不同高度的年降水量详见表 1-5。

表 1-5　　　　　　　　　全县低山区不同高度的年降水量

海拔/米	600	800	1000	1200	1400
年降水量/毫米	1471	1584.3	1698.4	1762.9	1826.4

夹江县处于峨眉山市和雅安的暴雨中心区域，雨日较多，大于 0.1 毫米的降水日数年平均为 172.3 天，其中以 7—9 月出现最多，均达 18 天以上。大于 10 毫米的中雨日数年平均 32.8 天，以 7—8 月出现最多；大于 25 毫米的大雨日数年平均有 14.1 天；大于 50 毫米的暴雨日数年平均有 5 天。大雨、暴雨一般出现在 4—10 月，但主要集中在 7—8 月；1961 年出现次数较多，大雨出现 23 天，暴雨出现 12 天。暴雨出现时间最早是 1983 年 4 月 11 日，最晚是 1982 年 8 月 16 日，早晚相距达 4 个月；终止日期，最早是 1965 年 7 月 8 日，最晚是 1960 年 9 月 30 日，早晚相差两个半月，见表 1-6、表 1-7。

长时间的连续降雨能造成绵雨危害。秋季（9—11 月）出现秋绵雨的频率达 86%，最长连续降水日数达 15 天之久。而在少雨的 1 月份前后，连续无雨形成冬干，最长连续无降水日数曾达到过 39 天。

每年夏秋之交，北方冷空气南下，县境常形成阴雨连绵的天气，甚至造成涝灾。从 1959—1980 年的 22 年中，就有 19 年共 33 次发生秋绵雨，出现最多的时段是 10 月上旬和中旬，其次为 9 月中旬和 11 月中旬。

表 1-6　　　　　　　　夹江县全年各月各级降水平均日数表

	1月	2月	3月	4月	5月	6月	7月	8月	9月	10月	11月	12月	全年
≥0.1毫米	7.7	11.9	13.1	14.4	17.7	16.5	18.4	16.6	18.3	17.4	12	8.3	172.3
≥10毫米（中雨）	0.1	0.2	0.6	2.3	3.1	3.9	7.9	7.5	4.5	2.1	0.7	—	32.9
≥25毫米（大雨）	—	—	—	0.5	0.6	1.5	4.8	4.2	1.3	0.5	0.1	—	13.5
≥50毫米（暴雨）	—	—	—	0.1	0.1	0.5	1.9	1.9	0.5	—	—	—	5
≥100毫米（大暴雨）	—	—	—	—	—	0.2	0.5	0.5	—	—	—	—	1.2

表 1-7　　　　　夹江县 1986—2005 年各月各级降水平均日数表

	1月	2月	3月	4月	5月	6月	7月	8月	9月	10月	11月	12月	全年
≥0.1毫米	9.6	10.8	13.8	14.9	15.8	17.0	17.1	16.7	16.8	17.0	9.9	8.4	167.8
≥10.0毫米（中雨）	—	0.3	0.7	2.4	2.7	4.1	5.6	7.1	3.5	1.3	0.6	0.1	28.4
≥25.0毫米（大雨）	—	—	—	0.6	0.9	1.6	3.3	4.5	1.5	0.2	0.1	—	12.7
≥50.0毫米（暴雨）	—	—	—	0.2	0.4	0.4	1.9	2.5	0.6	—	—	—	6
≥100.0毫米（大暴雨）	—	—	—	—	—	0.1	0.5	0.6	0.2	—	—	—	1.4

冬季，县内坝区间断年份下雪，华头山区基本年年下雪。1986 年 2 月 27 日至 3 月 1 日，县境内普降大雪，华头山区积雪达 50 厘米。2004 年 12 月 30 日中午，县城普降大雪。

七、自然灾害

（一）洪涝灾害

夹江县处于峨眉山市与雅安市所夹持的暴雨中心，雅安市是全国著名的暴雨区。受其影响，由青衣江产生的江河洪灾及本地降雨造成的山洪涝灾历来严重。1936 年建站的夹江水文站经过洪水调查与实际测量，记载了青衣江夹江境内出现过的四次特大灾害性洪水，分别是：清光绪十二年（公元 1886 年）1.64 万立方米每秒、重现期 50 年一遇，民国六年（公元 1917 年）1.87 万立方米每秒、重现期 130 年一遇，1955 年 1.74 万立方米每秒、重现期 80 年一遇， 2020 年 1.81 万立方米每秒、重现期 100 年一遇，在此计控的流域面积是 12588 平方千米。

南宋嘉泰年间（公元 1201—1204 年），县境内遭遇大水，发生连年饥荒。米价飞涨、民众上诉，县令高定子发布告平抑米价、开仓售粮救济。

清康熙元年（公元 1662 年）7 月，江水暴涨，城野俱淹；近岸田庐，漂没过半，生民幸无损伤。清道光乙巳年（公元 1845 年），大水，南安场（现木城镇）田亩尽遭淹没。清咸丰壬子年（公元 1852 年），洪水为灾，田禾尽淹。清光绪丙戌年（公元 1886 年），大水，淹没民居、河岸、桥梁，水入城内。清光绪己丑年（公元 1889 年），大水，田亩、庐舍多被淹没，动用积谷赈济。清光绪壬寅年（公元 1902 年），水涨数丈，沙地禾苗多被冲没，后办平粜以救民困。清光绪癸卯年（公元 1903 年），大水自西城入、南城出，人民受水害者十之三四，城乡士绅领积谷办理平粜，又设施粥厂。

民国三年（公元 1914 年），全县发生饥荒，饥民取白善泥混合粮食磨粉充饥，死者甚众。民国六年（公元1917年）7月，大雨连续三昼夜，城乡陡涨大水，不少田禾被淹没，损坏人畜不计其数。县城街道水深五六尺，居民十之八九受灾，难以举火（生火做饭）者达千余家。西门城墙被冲垮数丈，县北杜山岩山崩，毁人畜房屋。青衣江千佛岩处夹江水文站洪痕为海拔（吴淞系统，下同）416.30米，依其推算流量达1.87万立方米每秒，是夹江建置以来有记载的最大洪水。

民国二十年（公元1931年）7月，青衣江发生水灾，洪水入城。民国二十三年（公元1934年）7月，连日洪水，桥梁被毁，西门城墙冲垮十余丈，青衣江沿河一带田地庄稼损害严重。民国二十五年（公元1936年）6月，全县大水致江河泛滥，不少农田被冲刷，毫无收获，受灾民众达109307人，占全县总人口的70%。当年入秋又遭亢旱，夹江在全省属重灾区。

民国三十六年（公元1947年）7月，洪水泛滥成灾，沿河一带被冲毁无数土地、房屋，人畜伤亡惨重，死30人、伤24人。民国三十七年（公元1948年），洪水灾害遍及18个乡镇，沿青衣江一带冲毁无数土地、房屋，全县受灾面积4.47万亩，受灾点达64%。灾情上报民国四川省政府，除下拨赈灾款1500万元（旧币）和令发赈灾谷838石外，对地方陈情减免田赋未准，以致第二年春饥民以"观音土"和草根充饥。民国三十八年（公元1949年）7月，全县有13个乡镇受到洪水袭击，田地被淹没1.39万亩，冲毁淹没房屋6447间，灾民共1.15万人，死亡5人。县参议会快电致四川省田粮处陈情："夹江山洪暴发，大小河水暴涨上岸，田畴尽成泽国。值此新陈不接，仓储空虚，粮价飞腾；哀鸿遍野，民不聊生。为此电恳鸿慈，转请拨粮赈济。"

1955 年 5 月 22 日，暴雨滂沱，山洪暴发，县遭受特大洪灾，廖堰、白木堰、马村河沿岸灾情最重，全县受灾农田 2.29 万亩，冲走房屋 130 余间。1955 年 7 月 13 日至 14 日，暴雨倾泻，洪水泛滥，青衣江水位上升至 415.97 米，流量为 1.74 万立方米每秒，永兴、胜利、漹江 3 个乡受灾户 1531 户，淹死 1 人，冲垮桥梁 3 处、房屋 246 间，水稻受灾 4000 余亩、玉米受灾 3 万余亩。

1961 年 6 月 26 日至 28 日，连续三天暴雨，降水量达 238.2 毫米。28 日 15 时左右，吴家公社龙华水库水翻坝顶约 30 厘米，土坝开始溃坝，15 时 35 分全坝崩溃，洪水汹涌而下，使金牛河沿岸的吴家、三洞、梧凤以及青神县的罗波等公社损失严重。本次水库溃坝，县境内受灾公社 3 个、大队 14 个、生产队 47 个，受灾户 1544 户，被淹死、冲走 132 人，冲走、冲毁房屋 2153 间，冲走耕牛 51 头、生猪 649 头，冲毁大小堰渠 15 条，淹没农作物 1.50 万亩，其中颗粒无收的达 1000 余亩。1966 年 8 月，吴场、甘露、云吟、复兴等 23 个公社遭受水灾，受灾 1.52 万人，被洪水冲毁倒塌房屋 547 间，淹没冲刷农作物面积共 2.73 万亩，其中 3500 多亩无收成。

1977 年 7 月 6 日至 7 日，青衣江洪水暴涨，流量达 1.36 万立方米每秒。顺河公社上游八队洪水漫堤，须臾间将 300 米新建的、尚差两米高封顶的河堤冲毁，致使该队遭受灭顶之灾。全队被洪水冲走 19 人，冲走和倒塌房屋 63 间，冲走耕牛 4 头、生猪 44 头，耕地全部被冲成河石坝，粮食、衣物等全部被冲走。

1989 年汛期，青衣江分别于 7 月 26 日和 8 月 12 日发生了洪峰达 1.27 万立方米每秒、1.34 万立方米每秒的大洪水。洪水淹没田地 5000 多亩，其中，甘露乡艾中村三社、大同村二社非标准堤在两次大洪水中被冲毁 630 米，淹没田地 2000 余亩，冲毁良田

100 余亩。农业经济损失按当年不变价计约 150 万元；冲走堤坝土石方 21.5 万立方米，工程经济损失约 140 万元。

1996 年 7 月 27 日晚至 28 日 15 时，夹江县发生特大暴雨，平均降雨量 236 毫米，局部地区 300~400 毫米。青衣江千佛岩段最大流量 1.37 万立方米每秒，最高水位 414.42 米，为近 20 年来最大的一次洪水。全县被洪水围困 3000 人，房屋损坏 1200 间、倒塌 640 间，冲走 12 家。农作物受灾 7.75 万亩，损毁耕地 2250 亩，粮食减收 3000 吨，因灾停产企业 125 个；山体滑坡 30 余处，夹洪路、双木路、木华路和木三路交通中断，停电 15 小时；水利工程设施被损毁 328 处，青衣江堤防决口一处 700 米，损坏水闸 2 座、水电站 1 座；直接经济损失 13620 万元。

2005 年 7 月 2 日 20 时至 7 月 3 日 8 时，夹江县遭受罕见暴风雨袭击，普降大雨，局部地区为特大暴雨。全县大部分地区不同程度受灾，三洞、吴场等乡镇灾情特别严重，降雨量达到 158.6~260 毫米。2005 年 8 月 5 日 4 时至 12 时，县境普降大雨，局部地区为暴雨。青衣江流域的木城、南安、迎江、龙沱等 10 个乡镇，降雨量达 150 毫米，造成巨大的经济损失。

2020 年 8 月 17 日 20 时开始，青衣江流域普降特大暴雨，24 小时最大降雨量 250.9 毫米。夹江水文站在 18 日 8 时 30 分达到最高洪水位 414.71 米、超保证水位 0.21 米，流量为 1.81 万立方米每秒，超警戒水位持续时间 15 小时 45 分、超保证水位持续时间 7 小时 55 分，洪水重现期为百年一遇，是中华人民共和国成立以来青衣江夹江段发生的最大洪水，亦为夹江水文站自 1936 年建站以来实时监测记录的最大洪水。

据不完全统计：在整个洪水过程中，位于木城镇太平村 4 社处的千佛岩电站库区右岸堤坝在几近最高洪水位时溃决 120 米，加之右岸五里渡以下 3.8 千米护岸发生洪水漫顶上岸的共同作用，导致木城镇场镇和太平村、五里社区、兰坝社区和泉水村 4 个村（社区）受淹；木城镇群星村、原丁字村、兰坝社区所在的河心洲坝四面被水围困，局部地方受淹；青衣街道千佛社区的低矮地带（毛坝）受淹，甘江镇顺河村、龙兴村、弱滈村等地的边坝因回流倒灌局部受淹；毛滩电站库区左岸距闸坝 150 米处的堤防迎水面出现裂缝导致堤顶沉降 150 米，并导致背坡堤脚发生严重管涌等重大险情，青衣街道周坝、甘江镇顺河村的山河至龙兴、弱滈村的陶渡至康中等处堤防出现坡面沉降、堤脚冲毁等重大险情。全河段沿岸农作物受淹致灾 2.25 万亩，包括损毁堤防 44 处、护岸 115 处在内的各类直接经济损失约 15 亿元，所幸的是未造成人员伤亡。

（二）旱灾

清顺治丙戌、丁亥年（公元 1646 年、公元 1647 年），境内赤地千里，连岁涝饥，至是弥甚。清顺治五年（公元 1648 年），县境内因亢旱而致粝米一斗价二十金、荞麦一斗价七八金，久之亦无卖者，蒿芹木叶取食殆尽，时有裹珍珠二升易一面不得而殆、持数百金买一饱不得而死。清咸丰戊午年（公元 1858 年），大旱。清同治乙丑、丙寅年（公元 1865 年、公元 1866 年），境内连年亢旱，黍谷歉收。

民国八年（公元 1919 年），全县遭受旱灾。民国十八年（公元 1929 年），境内大旱，田谷歉收，米价昂贵。民国十九年（公元 1930 年），境内亢旱，播种失时，民苦饥馑。民国二十年（公元 1931 年），境内"五月大旱，无水灌田"，延误农时。民国三十五年（公元 1946 年），境内旱灾，受灾面积 6.24 万亩；是年，

螟虫危害严重，据载："螟虫肆虐，遍布田畴；白穗森森，弥漫无际。"据年长者回忆：许多田亩只能提竹篮折几吊谷子。到了第二年 6 月，众多百姓只能啃树皮、吃白泥，甘江发生饥民哄抢富户粮仓事件。

1962 年，春旱。全县受灾 23 个公社，小春受旱 2.29 万亩、成灾 1.67 万亩，其中 3708 亩无收成。有 7 个公社、71 个生产队的 5490 亩大春作物遭受干旱。1962 年冬至 1963 年夏，8 个月未下过透雨。1963 年春，部分冬水田干裂口子近一尺宽，无法播种水稻。全县有 23 个公社受旱，其中以丘陵地区的土门、新新、青龙、木城、南安、濞江和华头等 8 个公社最为严重，受灾面积共 6.92 万亩、成灾面积 4.23 万亩，减产粮食 7345 吨。1966 年，冬旱，小春受灾 7.49 万亩、成灾面积 2.87 万亩。

1972 年冬至 1973 年春，发生冬干春涸。塘库现泥、溪水断流、水田龟裂，县境内三洞区等台地、丘区无水保栽面积达到 8 万多亩。1978 年，中兴、濞江、华头、麻柳、歇马、迎江等丘山区遭受旱灾，受灾面积 2.94 万亩、成灾面积 9200 亩，减产粮食 1200 吨。

1959—1980 年的 22 年中，有 7 年的 3—4 月份连续 30 天降雨量小于 20 毫米，发生春旱。旱情持续 70 天以上的有两年（1963 年、1979 年）；持续在 40~70 天的有 3 年（1962 年、1978 年、1980 年）；持续在 30 天至 40 天的有两年（1969 年、1972 年），其中以 1963 年最为严重，持续干旱达 84 天。1959—1980 年的 22 年中，4 月下旬至 7 月上旬内，县境有 8 年连续 20 天降雨量小于 30 毫米，发生夏旱；旱情持续 40 天以上的有两年；持续 25~40 天的有 4 年；持续 20~24 天的有两年。县境内，7 月上旬至 9 月上旬，连续 20 天降雨量小于 35 毫米的天气为伏旱；1974 年从 6 月 30 日到

7月25日，持续26天伏旱，导致全县粮食减产。县境内，从上年12月至次年2月降雨量较历年平均降水量减少50%，为冬干；冬干现象比上述各种旱情均重。1959—1980年的22年中，有11年出现冬干，较严重的有1960年、1966年、1969年，自1969年后冬干现象有所缓和。1986年4月底至7月上旬，县境内出现严重夏旱。

1991年1至7月，县境仅降雨342.5毫米，比上年同期减少56.24%，其中7月1日至20日仅降雨7.4毫米，致使全县23个乡镇中的148个村、1052个社的农作物受旱。全县农作物受旱灾14.96万亩，其中水稻受灾面积9.68万亩，占栽插面积的48.1%，损失三至五成的4.40万亩、五至八成的4.22万亩、八成至无收的1470亩。玉米受灾2.80万亩，占种植面积的63.1%，损失三至五成的1.56万亩、五至八成的1.06万亩、八成至无收的1815亩。红苕受灾2.02万亩，占栽种面积的57.95%。其他经济作物受灾4547亩。全县因受旱灾减产粮食1250万千克、其他经济损失1000多万元。旱情最重的是中兴、马村、漹江、吴场、土门、新新等乡镇。

1993年5月3日至6月26日，县境内55天共降雨73.7毫米，降雨量比上年同期减少73%，同期蒸发量284.9毫米，为县内35年未遇的最早发生和最为严重的大旱灾害。全县1060口山坪塘基本干涸，36座水库一半无水，150个提灌站无水可抽，全县1250亩水稻未栽、6万亩水稻受旱、3万亩玉米干焦无收。有13个乡镇、96个村旱情严重，部分村社人畜饮水困难。

（三）地震、风灾、冰雹和其他灾害

地震　夹江县地处东经104°以西的四川地震较强区，但历史

上未记载有原发破坏性地震，仅有些有感的地震记载。

明正德七年（公元 1512 年）九月，夹江地震有声。

清乾隆十三年（公元 1748 年）正月二十五日，夹江地微动。

民国六年（公元 1917 年）6 月初旬至 13 日，地动七八次，严重时房屋发生摇晃。

1957 年 8 月 9 日，汉源县发生 5 级地震，夹江有感。1973 年 2 月 6 日，炉霍县发生 7.9 级地震，夹江有感。1974 年 5 月 11 日，雷波县、永善县发生 7.1 级地震，夹江有感。

1976 年 8 月 16 日至 23 日，松潘县、平武县发生两次 7.2 级地震。在这次地震期间，县成立地震办公室日夜值班，各机关、学校、厂矿等单位及居民都采取防震措施，一时人心惊惶不安，但在地震发生时，县境内只感到地微动。1976 年 11 月和 12 月，盐源县先后发生 6.9 级和 6.8 级地震，这两次地震县内均有地微动感。

1990 年 7 月 13 日 5 时 27 分，洪雅县西南发生了一次 4.8 级地震。8 月 4 日 21 时 52 分，在峨边彝族自治县、洪雅县间山区各发生了一次 5 级地震。上述地震，夹江县城部分居民感到门窗作响，电灯晃动。

2008 年 5 月 12 日 14 时 28 分，汶川发生 8.0 级特大地震，夹江震感十分明显，造成部分建筑损毁、人员伤亡，属次重灾区。2013 年 4 月 20 日 8 时 2 分，芦山发生 7.0 级大地震，夹江震感十分明显，造成部分建筑损毁，属次重灾区。

风灾 民国十六年（公元 1927 年）5 月 5 日夜，县境大风，甘江场大树、房屋被吹倒无数。

1966 年 6 月 22 日晚和 23 日下午，三洞、梧凤、土主、吴场、木城等公社的 22 个大队、75 个生产队遭暴风雨袭击，不少作物和房屋被大风吹倒吹坏。

1975年9月11日晚，从峨眉县方向刮来大风，风速达40米每秒以上，相当于10~11级。受灾地区有濒江、永兴、云吟、甘霖、蟠龙、复兴、顺河、新新等公社及城关镇；受灾6134户，共吹坏吹倒房屋9318间，死1人、伤3人。

1981年6月21日，华头、歇马、麻柳、和平、南安、木城、迎江、甘露8个乡294个社和街道遭受风灾。7月12日晚至13日，又连续发生七级大风，致21个乡镇受灾，农作物受灾面积2.26万亩。1982年8月6日晚，全县有13个乡镇的78个村遭受风灾和水灾，受灾面积7043亩，其中玉米被大风吹倒4263亩。1983年5月13日下午4时，中兴乡杨湾、方井两个村遭受暴风雨、冰雹袭击，有190多户住房被大风吹倒、吹坏，有400多亩竹林及一部分树木被吹断。1985年7月27日晚7时30分，甘江区范围内突然狂风大作、大雨倾盆、雷电交加，吹倒甘江红茶厂烟囱，砸坏平房3间、电机4台、转子机1台、热风炉1套，损失金额2.27万元；同时吹倒电杆15根，致使全区停电。1988年5月1日，麻柳乡发生旋风，毁损房屋、庄稼多处，损失近万元。7月1日，三洞区一带大风，吹倒玉米1600多亩。7月22日晨4时许，茶坊乡一带大风，全乡吹断树木1500多株，40多户房室被风吹坏。

1991年6月25日零时16分至1时30分，县境遭受罕见的突发性暴风，风力达7级以上，风速18米每秒。暴风中伴有大雨和冰雹，冰雹最大直径3厘米。受灾中心在黄土、甘霖、新场、青州等乡镇。全县有9个乡镇、80个村、640个社的18995户71526人受灾，其中重灾3224户12591人、特重灾992户3847人。农作物受灾28353亩，其中水稻9668亩、玉米6446亩，造成粮食减产 400 万千克。有 14402 间房屋损坏或倒塌，吹折竹子 2000 多笼，吹倒吹断树木 5 万多根，吹倒电杆 15 根。

冰雹 5—8 月是冷暖空气急剧交锋的季节，夹江县常易发生冰雹灾害。降冰雹一般在下午至傍晚为最多，往往是"顺山而走，沿河而行"。

1932 年 3 月 28 日夜，天降大冰雹兼起暴风，损坏、损毁房屋、竹树林木无数。南安乡受灾最重，屋瓦被冰雹打穿，阮碥的"冰雹大如柿"，最大如碗。全县被冰雹打死乌鸦上千只，打坏农作物 1500 多亩，为历史未有的冰雹奇灾。

1951—1980 年的 30 年中，发生雹灾 9 次。从 1956—1980 年，共发生 8 次冰雹，其中 5 月底 1 次，6 月份 2 次，7 月份 4 次，8 月份 1 次。其中最严重的有两次：1977 年 5 月 27 日，华头、歇马、木城等公社的 60 多个生产队遭受冰雹袭击，其中有 22 个队灾情严重，损坏倒塌房屋 800 余间，2300 余亩农作物和成片的山林竹木被砸毁。1979 年 7 月 10 日晚，县境内遭受冰雹灾害，冰雹直径 1~2 厘米，最大的有 3 厘米。加上伴有大风和暴雨，使受灾范围扩大到 10 个公社、108 个大队、574 个生产队，致 4 人死亡、5 人受伤，毁坏农作物 1.29 万亩、房屋 1595 间、山林竹木无数。

1991 年 6 月 25 日零时，新新、青州、蟠龙、甘霖等乡遭冰雹和暴风雨袭击。损坏房屋 1.44 万间、农作物 2.84 万亩，吹折竹子 2000 多笼，吹断树木 3.50 多万株。1992 年 4 月 18 日 19 时 10 分至 40 分，华头、歇马、麻柳 3 个乡镇有 25 个村、190 个社的 3950 户遭受冰雹、暴雨袭击，其中 12 个村、86 个社的 1480 户受重灾。冰雹直径最大为 5 厘米，雨量为 40 毫米以上，为华头等地几十年未遇的冰雹灾害。农作物受灾面积 4720 亩，倒塌房屋 13 间，造成直接经济损失 65 万余元。1996 年 9 月 15 日 23 时至次日凌晨，界牌镇境内遭受持续 4 个小时的冰雹袭击，并伴有约 10 级大风。有 4 个村共损毁房屋 3219 间，其中倒塌 54 间，压死鸡 1500 只，作物受灾面积 2000 亩，果树受灾 26 万株，折断大树 112 根，折断电杆 8 根，直接经济损失 329.50 万元。驻县武警教导队的 39 间营房计 1167 平方米受损，损坏电视机 4 台、变压器 2 台，部队通信、水电中断，损失 54 万多元。

（四）其他灾害

1959—1980 年的 22 年中，有 21 年出现过 3—4 月间连续 4 天日平均气温低于 12℃ 的烂秧低温天气，其中一年出现一次的有 10 年、一年出现两次的有 9 年、一年出现三次的有两年，共发生低温灾害 34 次；有 15 年出现 5 月间连续 3 天低于 20℃ 导致发生冻害、影响水稻分蘖的低温天气，前后累计出现 25 次，其中有 15 次在上旬、8 次在中旬、两次在下旬；有 16 年共发生过 21 次在 9 月连续 3 天阴雨（白天降水 ≥ 0.1 毫米或无日照）、日平均气温低于 20℃ 的低温危害。

1991 年 5 月 6 日，歇马乡尖峰山降雪雨，几天内气温急剧下降，为近半个世纪以来从未出现过的 5 月寒潮气候，山区 3000 多亩稻田秧苗被冻成一片枯黄。1996 年 3 月中旬、下旬和 4 月上旬，县境气温连续三旬低于 3 月上旬，为历史罕见的春季低温天气。4 月上旬平均气温仅 11.1℃，较同期偏低 4.6℃，打破历史最低值。因低温阴雨寡照，全县小春作物迟 10 天左右成熟，水稻烂种 5600 千克，烂秧 9000 多亩。

第二节　社会经济

一、行政区划及人口

夹江县隶属于四川省乐山市，地处四川西南，幅员面积748.47平方千米。2019年前，夹江县辖11个镇、11个乡，它们是：漹城镇、甘江镇、木城镇、华头镇、吴场镇、三洞镇、新场镇、中兴镇、黄土镇、甘霖镇、界牌镇，永青乡、梧凤乡、青州乡、土门乡、马村乡、迎江乡、顺河乡、南安乡、龙沱乡、歇马乡、麻柳乡。

2018年末，全县总户数122841户，年末户籍人口34.35万人，其中，乡村人口21.75万人，城镇人口12.60万人；男性人口17.29万人，女性人口17.06人。全县常住人口33.1万人，其中：城镇常住人口14.9万人，主要集中在夹江县城。夹江县城镇化率为43.51%。

二、区域行政区划

夹江县治所在地为漹城镇。夹江县人民政府机关驻县城毛街居委会（社区），漹城镇人民政府机关驻县城迎春街居委会（社区）。

漹城镇东北接黄土镇，东接甘霖镇，南接甘江镇，西南与顺河乡、界牌镇隔青衣江相对，西接南安乡，西北接迎江乡，北接马村乡。县城东距离青神县城35千米，东南距乐山市中区32千米，南距峨眉山市绥山镇18千米，西距洪雅县城38千米，西北距丹棱县城44千米，东北距眉山东坡区47千米，距省会成都132千米。2005年，漹城镇面积41.5平方千米，其中县城面积7.32平方千米，辖毛街、迎春街 7 个居委会（社区）和新村、新华、工农等 18 个村，有 26563 户，71893 人，其中农业人口 22703 人，非农业人口 49190 人。

甘江镇距县城东南 8.5 千米，紧靠成乐公路，东接乐山市中区悦来乡，南连乐山市中区棉竹镇，西与顺河乡隔青衣江相对，北邻甘霖镇，东北与青神县罗波乡毗邻。甘江镇人民政府机关驻二条街居委会（社区）。2005 年，全镇面积 61.14 平方千米，其中场镇面积 0.74 平方千米，辖吉祥、胜利等 21 个村、196 个组，有二条街、紫云 2 个居委会（社区）9 个居民小组，全镇有 11305 户 38271 人，其中农业人口 35892 人，非农业人口 2379 人。

木城镇距县城西北 15 千米，紧靠青衣江，东与迎江乡隔青衣江相对，南邻南安乡、龙沱乡，西南接歇马乡，西面连洪雅县三宝镇，北和洪雅县金釜乡相望。木城镇人民政府机关驻下街居委会（社区）。2005 年，全镇面积 30.46 平方千米，其中场镇面积 0.59 平方千米。辖汉柏、太平等 15 个村、109 个组，有上街、下街、后街 3 个居委会（社区）、9 个居民小组，全镇有 5865 户 17743 人，其中农业人口 16098 人，非农业人口 1645 人。

华头镇距县城西 35 千米，东接龙沱乡，东南接峨眉山市普兴乡，南接峨眉山市川主乡，西南接洪雅县桃源乡，西接麻柳乡，北接歇马乡。华头镇人民政府驻川溪居委会（社区）。2005 年，全镇面积 47.3 平方千米，辖金山、黄村等 12 个村、96 个组、1 个川溪居委会（社区），全镇有 3381 户 10984 人，其中农业人口 10184 人，非农业人口 800 人。

吴场镇距县城东北 21 千米，东接三洞镇，南接土门乡，西南接马村乡、中兴镇，西北接丹棱县杨场乡，北接眉山东坡区黄家乡。

吴场镇人民政府驻金牛居委会（社区）。2005 年，全镇面积 47.95 平方千米，辖龙华、熊村等 12 个村、81 个组、1 个金牛社区居委会，全镇有 4198 户 14467 人，其中农业人口 13850 人，非农业人口 617 人。

三洞镇距县城东北 19 千米，东接青神县观金乡，南接梧凤乡，西南接土门乡，西接吴场镇，北接永青乡，东北接眉山东坡区娴婆乡。三洞镇人民政府驻三洞桥居委会（社区）。2005 年，全镇面积 34.28 平方千米，辖仁心、双路等 9 个村、80 个组、1 个三洞桥居委会（社区），全镇有 3983 户 13300 人，其中农业人口 12705 人，非农业人口 595 人。

新场镇距县城东 15 千米，东接青神县罗波乡，南接甘霖镇，西及西北接黄土镇，北接土门乡、青州乡。新场镇人民政府驻新场村。2005 年，全镇面积 32.97 平方千米，辖普益、江山等 8 个村、69 个组，全镇有 3395 户 11340 人，其中农业人口 10895 人，非农业人口 445 人。

中兴镇距县城北 22 千米，东南接马村乡，西接迎江乡及洪雅县余坪乡，北接丹棱县杨场乡，东北接吴场镇。中兴镇人民政府驻大路坎村。2005 年，全镇面积 26.77 平方千米，辖王堰、周庵等 11 个村、94 个组，全镇有 3865 户 13477 人，其中农业人口 13201 人，非农业人口 276 人。

黄土镇距县城 2 千米，东北接土门乡，东接新场镇，南接甘霖镇，西南接濆城镇，北接马村乡。黄土镇人民政府驻黄土村。2005 年，全镇面积 48.08 平方千米，辖茶坊、雷店等 15 个村、130 个组，全镇有 7003 户 22475 人，其中农业人口 21773 人，非农业人口 702 人。

甘霖镇距县城东南 8 千米，东接青神县罗波乡，南、西南接甘江镇，西接峰城镇，北接黄土镇，东北接新场镇。甘霖镇人民政府驻南山村。2005 年，全镇面积 26.9 平方千米，辖大石桥、宝华等 10 个村、95 个组，全镇有 4862 户 15858 人，其中农业人口 15565 人，非农业人口 293 人。

界牌镇距县城南 3 千米，东接顺河乡，南接峨眉山市双福镇，西北接南安乡，北隔青衣江与峰城镇相对。界牌镇人民政府驻鸣凤村。2005 年，全镇面积 32.88 平方千米，辖青江、周坝等 12 个村、90 个组，全镇有 4880 户 16090 人，其中农业人口 15360 人，非农业人口 730 人。

永青乡距县城东北 25 千米，东北接眉山市东坡区崇仁镇、黄家乡，东南接三洞镇，西接吴场镇。永青乡人民政府驻爱国、永兴村。2005 年，全乡面积 17.84 平方千米，辖光荣、凉风等 5 个村、32 个组，全乡有 1640 户 5572 人，其中农业人口 5485 人，非农业人口 87 人。

梧凤乡距县城东 25 千米，东接青神县观金乡、桂花乡，南接青州乡，西接土门乡，西北接三洞镇。梧凤乡人民政府驻黎明村。2005 年，全乡面积 20.02 平方千米，辖余沟、王坎等 6 个村 41 个组，全乡有 2061 户 6966 人，其中农业人口 6842 人，非农业人口 124 人。

青州乡距县城东 18 千米，东南接青神县桂花乡、罗波乡，西南接新场镇，西接土门乡，北接梧凤乡。青州乡人民政府驻金星村。2005 年，全乡面积 27.13 平方千米，辖紫荆、魏沟等 8 个村、43 个组，全乡有 2660 户 9117 人，其中农业人口 8849 人，非农业人口 268 人。

土门乡距县城东北 13 千米，东接梧凤乡、青州乡，南接新场镇，西接黄土镇、马村乡，北接吴场镇，东北接三洞镇。土门乡人民政府驻骑江村。2005 年，全乡面积 24.97 平方千米，辖民益、铁道等 7 个村、48 个组，全乡有 2908 户 10123 人，其中农业人口 9872 人，非农业人口 251 人。

马村乡距县城东北 10 千米，东接土门乡，南接黄土镇、澌城镇，西南接迎江乡，西北接中兴镇，北接吴场镇。马村乡人民政府驻马村居委会（社区）。2005 年，全乡面积 28.17 平方千米，辖彭咀、水库等 11 个村、90 个组，全乡有 4186 户 12911 人，其中农业人口 12544 人，非农业人口 367 人。

迎江乡距县城西北 14 千米，东接中兴镇、马村乡、澌城镇，西南隔青衣江与南安乡、木城镇相对，北接洪雅县金釜乡、余坪镇。迎江乡人民政府驻群星村。2005 年，全乡面积 30.81 平方千米，辖师坝、大兴等 11 个村、70 个组，全乡有 3492 户 11753 人，其中农业人口 11562 人，非农业人口 191 人。

顺河乡距县城南 10 千米，东南接乐山市中区杨湾乡，西南接峨眉山市双福镇、平城乡，西接界牌镇，东隔青衣江与澌城镇、甘江镇相对。顺河乡人民政府驻同心村。2005 年，全乡面积 18.37 平方千米，辖上游、正觉等 8 个村、63 个组，全乡有 3319 户 11322 人，其中农业人口 11033 人，非农业人口 289 人。

南安乡距县城西 23 千米，东隔青衣江与迎江乡、澌城镇相对，东南接界牌镇，南接峨眉山市双福镇，西接龙沱乡，北接木城镇。南安乡人民政府驻南坝村。2005 年，全乡面积 31.44 平方千米，辖王宿岗、南坝等 11 个村、80 个组，全乡有 3121 户 10314 人，其中农业人口 10082 人，非农业人口 232 人。

龙沱乡距县城西 30 千米，东接南安乡，南接峨眉山市普兴镇，西接华头镇、歇马乡，北接木城镇。龙沱乡人民政府驻龙沱村。2005 年，全乡面积 17.27 平方千米，辖分水、张山等 7 个村、56

个组，全乡有 1835 户 6166 人，其中农业人口 6081 人，非农业人口 85 人。

歇马乡距县城西 43 千米，东接木城镇、龙沱乡，南接华头镇、麻柳乡，西北接洪雅县花溪乡、天宫乡，北接洪雅县三宝镇。歇马乡人民政府驻余湾村。2005 年，全乡面积 54.91 平方千米，辖联合、明公等 13 个村、93 个组，全乡有 3662 户 12491 人，其中农业人口 12230 人，非农业人口 261 人。

麻柳乡距县城西 40 千米，东接华头镇，南接洪雅县桃源乡，西接洪雅县花溪乡，北接歇马乡。麻柳乡人民政府驻关口村。2005 年，全乡面积 47.31 平方千米，辖建乡、西陵等 9 个村、57 个组，全乡有 2047 户 6715 人，其中农业人口 6613 人，非农业人口 102 人。

滂城镇、甘霖镇、甘江镇的全部平坝地区和迎江乡、黄土镇大部分平坝地区，为东风堰自流灌溉的保灌地区，保灌范围的总面积为 74 平方千米，其中，迎江乡 3.1 平方千米。

三、社会经济

2019 年，全县地区生产总值完成 173.8 亿元、增长 8.7%，规模以上工业增加值增长 11.3%，全社会固定资产投资 143.6 亿元、增长 14%，社会消费品零售总额 76.1 亿元、增长 12%，地方一般公共预算收入 7.4 亿元，城镇居民人均可支配收入 37244 元、增长 8.8%，农村居民人均可支配收入 18717 元、增长 9.6%。

工业经济提质增效。工业投资完成 60 亿元，技改投资完成 45.4 亿元，总量均居全市第一。新增规模以上企业 16 家，完成规模以上工业总产值 240 亿元、同比增长 13.1%，利税 6.5 亿元。探索分类管理模式，研究出台《促进陶瓷行业提档升级实施办法》，有效解决"一刀切"问题。入选全省装配式建筑工业化部品部件及配套建材重点产业基地，荣获全省"技术改造先进集体"、全市"产业发展年先进集体"。单位工业增加值能耗同比下降3.6%。

现代农业高效发展。成功创建2个市级现代农业园区，"三品一标"农产品总量达35个，产业化带动面提高到73.5%。"3511"发展战略取得实质性进展，获评"中国茶业百强县""中国绿茶出口强县"，实现茶产业综合产值56.2亿元，出口额达8亿元，华义茶叶实现四川绿茶首次直接出口"一带一路"国家。建成供港澳蔬菜出口备案基地4000亩，完成农村土地承包经营权确权登记颁证37万亩。成功通过省级农产品质量安全监管示范县复审。

文旅服务业深度融合。全力备战全省第二届文旅发展大会，强力推进东风堰—千佛岩景区4A创建工作，东风堰入选第三批国家水情教育基地。建成"一树闲居"等特色民宿2个，大千纸坊等3处基地入选全省首批非遗项目体验基地，被列入全省十条"非遗之旅"重要节点。成功举办第二届放水节、中法澳名家书画交流等活动80余次，惠及群众10万人次。旅游综合收入突破67.8亿元、同比增长16.4%。电商交易额突破50亿元、同比增长9.6%，网络零售额达12.9亿元、同比增长10.5%。服务业增加值同比增长8.5%。

社会事业协调发展。城镇新增就业4144人，登记失业率3.53%。社会保障提标扩面。全面完成市下23件民生实事，全年民生支出16.31亿元，占一般公共预算支出的74.6%。基本医保参保率达98%，发放城乡低保救助金2232万元，"阳光低保"经验在全市推广。通过"一卡通"平台发放惠民惠农补贴资金1.6亿元、51.3万人次。

拨付困难群众救助金 3885 万元。

城市品质持续提升。建成东风堰"世遗"广场、文化长廊一期等 4 个城市品质提升项目，新增县城建成区面积 0.6 平方千米，绿地 27 万平方米，完成棚户区拆迁 24.6 万平方米，安置群众 2049 户。新改建公厕 7 座、停车场 6 个、市政道路 6.23 千米，新建城市污水管网 36 千米。推进城市精细化管理，拆除违建 10 万平方米，顺利通过国家卫生县城评估验收、市级放心舒心消费城市考评。

乡村振兴持续深入。建成高标准农田 1.5 万亩，农村土地流转率达 50%，发放"政银担"农业贷款 1.62 亿元，成功回引优秀农民工 203 名。围绕"美丽四川·宜居乡村"先进县工作目标，实施农村人居环境整治"五大行动"，完成农村危房改造 175 户，建成场镇污水处理厂 15 个，新改建农村公厕 140 座、户厕 8959 座，推进 13 个村整村面貌提升。成功通过省级农村改革先进县验收，建成省级乡村振兴示范村 3 个，新场镇被评为省级特色小镇并通过国家卫生乡镇评估验收，华头镇原正街村建成国家级传统村落，马村镇石堰村入选省级传统村落。

生态环境持续改善。深入实施河（湖）长制，15 条主要河流均达Ⅳ类以上水质，完成城市集中式饮用水水源地规范化建设。深化"绿秀夹江"行动，新增营造林 3.61 万亩。秸秆综合利用率达 90% 以上。全年 PM2.5、PM10 平均浓度同比分别下降 20.3%、20.2%，优良天数 295 天，首次突破 80%，同比上升 10 个百分点。

四、灌区经济现状

东风堰灌区位于横贯夹江县中部坝区的青衣江左岸，自流灌溉的范围为迎江、漹城、黄土、甘霖和甘江5个乡镇、47个村，计农田面积7.67万亩、覆盖面积74平方千米。在特大旱情发生时，由1973年兴建的黄土埝三皇庙和合峰岭三倒拐电力提灌站引东风堰水提灌黄土镇一部、土门、新场、吴场等乡镇，计农田面积2.10万亩，见表1-8、表1-9。

迎江乡 紧靠青衣江，是现东风堰取水口所在地。民国二十九年（1940年）8月建迎江乡，1949年以后仍建为乡。2013年，全乡有耕地6772亩，大春粮食产量314万千克，其中水稻产量170万千克、油菜籽产量33.50万千克；大春蔬菜产量142.50万千克，小春蔬菜产量132.50万千克；农民人均纯收入8075元。

漹城镇 漹城镇为夹江县治的所在地，境内自北向南有山区、低丘区、坝区。2013年，全镇有耕地12378亩、林地面积12892亩，大春粮食产量645万千克，其中水稻产量490万千克、油菜籽产量76万千克；大春蔬菜产量667.50万千克，小春蔬菜产量615万千克；全镇有年销售收入1000万元及以上的工业企业3个；农民人均纯收入10477元。

黄土镇 黄土镇由1992年8月13日撤销蟠龙乡、茶坊乡合并建立，全镇基本形成以工促农、经济社会全面协调发展的良好局面。2013年，全镇有耕地面积21328亩，林地面积17799亩，大春粮食产量1304万千克，其中水稻产量1148.50万千克、油菜籽产量112.50万千克；大春蔬菜产量122.50万千克，小春蔬菜产量31万千克；全镇有年销售收入1000万元及以上的工业企业19个，年工业总产值29.70亿元；农民人均纯收入11412元。

甘霖镇 坝区以蔬菜和水果种植、泽泻种植、水稻制种为主，现代农业初具规模。2013年，全镇有耕地13007亩，林地面积

表1-8

东风堰主要自流灌区社会经济情况调查表

辖区村名	户	土地总面积/平方千米	人口		农业劳力/人	农业人口密度（人/平方千米）	农业人均耕地/亩	农业人均基本农田/亩	农业人均产粮/千克	农业人均纯收入/元	主要农作物	收入来源
			总人口/人	农业人口/人								
黄土	990	3.24	2717	1486	1426	458.64	1.65	1.61	394	16535	水稻、油菜	务工、农业
凤桥	781	4.34	2413	2013	1790	463.82	1.52	1.48	727	12680	水稻、油菜	务工、农业
万松	646	4.08	2081	1635	1360	400.74	1.23	1.15	294	11605	水稻、油菜	务工、农业
罗华	776	3.76	2398	1936	1240	514.89	1.44	1.35	343	11512	水稻、油菜	务工、农业
红光	687	4.03	2403	2107	1330	522.83	1.77	1.76	424	11380	水稻、油菜	农业
马坝	254	1.49	916	829	590	556.38	1.85	1.81	442	11423	水稻、油菜	务工、农业
马冲	323	3.80	976	896	583	235.79	1.37	1.34	465	10658	水稻、油菜	务工、农业
程河	316	3.51	998	966	623	275.21	1.42	1.39	114	10651	水稻、油菜	农业、养殖
南山	384	1.18	1284	1103	896	934.75	1.26	1.23	492	3100	水稻、蔬菜	种养殖、务工
文沟	548	2.05	1756	1680	868	819.51	1.48	1.46	492	3520	水稻、蔬菜	种养殖、务工
新生	400	1.32	1286	1010	790	765.15	1.48	1.42	417	2887	水稻、葡萄	种养殖、务工
大石桥	779	2.26	2390	2170	1620	960.18	1.17	1.17	434	3000	水稻、油菜	种养殖、务工
民主	730	3.27	2118	2004	1392	612.84	1.70	1.65	398	3600	水稻、油菜	种养殖、务工
定惠	390	1.35	1264	1150	870	851.85	0.91	0.89	425	10330	水稻、油菜	种养殖、务工
席河	453	1.71	1508	1400	760	818.71	1.26	1.24	550	3200	水稻、油菜	种养殖、务工
宝华	391	1.31	1218	1005	645	767.18	1.18	1.17	422	2906	水稻、油菜	种养殖、务工

续表

辖区 村名	户	土地总面积/平方千米	人口		农业劳力/人	农业人口密度/(人/平方千米)	农业人均耕地/亩	农业人均基本农田/亩	农业人均产粮/千克	农业人均纯收入/元	主要农作物	收入来源
			总人口/人	农业人口/人								
胜利	542	2.6	1951	1951	1364	750.38	1.30	1.30	206	6051	水稻、蔬菜	务工、农业
河西	821	2.94	2655	2655	2092	903.06	0.89	0.89	180	6586	水稻、蔬菜	务工、农业
大同	803	2.73	2841	2841	1830	1040.66	0.99	0.99	304	6668	水稻、蔬菜	务工、农业
双碑	645	2.92	2015	2015	1460	690.07	1.03	1.03	482	6236	水稻、蔬菜	务工、农业
中心	719	3.37	2248	2248	1485	667.06	1.15	1.15	254	6695	水稻、蔬菜	务工、农业
吉祥	463	2.95	1487	1487	922	504.07	1.33	1.33	434	6829	水稻、蔬菜	务工、农业
五星	985	2.88	2760	2760	2141	958.33	0.79	0.79	385	6746	水稻、蔬菜	务工、农业
李村	612	2.73	1869	1869	1150	684.62	1.20	1.20	453	6768	水稻、蔬菜	务工、农业
陶渡	575	3.5	1747	1747	1542	499.14	1.21	1.21	456	6597	水稻、蔬菜	务工、农业
万华	775	3.1	2559	2559	1665	825.48	0.76	0.76	433	6834	水稻、蔬菜	务工、农业
大元	756	2.31	2169	2169	1525	938.96	0.91	0.91	335	6625	水稻、蔬菜	务工、农业
鞠村	456	1.82	1453	1453	1054	798.35	1.33	1.33	406	6452	水稻、蔬菜	务工、农业
席湾	698	3.8	2287	2287	1658	601.84	1.13	1.13	236	6512	水稻、蔬菜	务工、农业
盘渡	692	1.77	2025	2025	1761	1144.07	1.00	1.00	269	6725	水稻、蔬菜	务工、农业
姚桥	448	1.5	1118	891	676	594.00	0.56	0.56	174	10300	水稻、油菜	务工、农业
牌坊	670	2.5	1637	1399	837	559.60	0.25	0.24	146	10230	水稻、油菜	务工、农业

续表

辖区 村名	户	土地总面积/平方千米	人口		农业劳力/人	农业人口密度（人/平方千米）	农业人均耕地/亩	农业人均基本农田/亩	农业人均产粮/千克	农业人均纯收入/元	主要农作物	收入来源
			总人口/人	农业人口/人								
新华	612	2	1393	874	616	437.00	0.58	0.58	185	9870	水稻、油菜	务工、农业
新村	886	2.3	2100	2062	1378	896.52	0.69	0.69	189	9750	水稻、油菜	务工、农业
何村	439	1.8	1492	1352	901	751.11	0.82	0.75	195	9750	水稻、油菜	务工、农业
工农	1161	2	2773	1500	1326	750.00	0.27	0.27	152	9970	水稻、油菜	务工、农业
薛村	612	2	1911	1507	1050	753.50	1.22	1.14	257	9620	水稻、油菜	务工、农业
宋河	509	1.7	1633	1633	1073	960.59	1.01	0.88	316	8980	水稻、油菜	务工、农业
永胜	813	2.4	2324	2127	1476	886.25	1.34	1.07	236	9030	水稻、油菜	务工、农业
在古	790	1.2	1588	1588	1100	1323.33	0.15	0.15	147	9520	水稻、油菜	务工、农业
易漕	900	0.83	3100	1880	984	2265.06	0.03	0	0	9870	蔬菜	务工、农业
杨浩	656	0.99	1659	1439	842	1453.54	0.10	0	0	9930	蔬菜	务工、农业
杨柳	870	0.93	1797	1347	796	1448.39	0.41	0	0	9250	蔬菜	务工、农业
谢滩	755	2	2075	1636	1030	818.00	0.91	0.83	275	8970	水稻、油菜	务工、农业
雷塘	334	2.1	1017	946	660	450.48	2.30	2.20	426	8350	水稻、油菜	务工、农业
宿漕	506	2.5	1590	1590	1080	636.00	1.18	1.12	207	8350	水稻、油菜	务工、农业
千佛	372	1.06	1125	865	627	816.04	0.46	0	0	8240	蔬菜	务工、农业

10135 亩，大春粮食产量 808 万千克，其中水稻产量 673.50 万千克、油菜籽产量 107.50 万千克；大春蔬菜产量 591.50 万千克，小春蔬菜产量 509 万千克；全镇有年销售收入 1000 万元及以上的工业企业 12 个，年工业总产值 23.06 亿元；农民人均纯收入 10330 元。

甘江镇　甘江镇是一个历史古镇，也是夹江县最大的农业大镇。2013 年，全镇有耕地面积 2.23 万亩，林地面积 2.40 万亩，大春粮食产量 1149.50 万千克，其中水稻产量 933 万千克、油菜籽产量 77.50 万千克；大春蔬菜产量 2361.50 万千克，小春蔬菜产量 1604 万千克；全镇有年销售收入 1000 万元及以上的工业企业 4 个，年工业总产值 5.69 亿元；农民人均纯收入 8971 元。

表 1-9　　　　　东风堰主要自流灌区农林地现状调查表

村名	土地总面积 / 亩	耕地 / 亩				林地 / 亩		其他土地面积 / 亩
		小计	占比 / %	水田	旱地	小计	占比 / %	
黄土	4857	2447	50.38	2397	50	257.0	5.29	2153
凤桥	6505	768	11.81	768	0	1622.0	24.93	4115
万松	6120	2011	32.86	1881	130	1275.0	20.83	2834
罗华	5644	2779	49.24	2619	160	0	0	2865
红光	6048	3738	61.81	3709	29	401.0	6.63	1909
马坝	2236	1532	68.52	1500	32	26.0	1.16	678
马冲	5697	21	0.37	21	0	1874	32.89	3802
程河	5268	230	4.37	230	0	1578	29.95	3460
南山	1769	1389	78.52	1352	37	0	0	380
文沟	3073	2478	80.64	2460	18	0	0	595
新生	1979	1495	75.54	1430	65	0	0	484
大石桥	3388	2542	75.03	2533	9	0	0	846
民主	4903	3398	69.30	3310	88	0	0	1505
定惠	2024	18	0.89	18	0	0	0	2006

村名	土地总面积/亩	耕地/亩				林地/亩		其他土地面积/亩
		小计	占比/%	水田	旱地	小计	占比/%	
席河	2564	1765	68.84	1731	34	0	0	799
宝华	1964	1188	60.49	1177	11	0	0	776
胜利	3903	2535	64.95	2535	0	0	0	1368
河西	4410	2361	53.54	2361	0	0	0	2049
大同	4095	2811	68.64	2811	0	0	0	1284
双碑	4383	2068	47.18	2068	0	0	0	2315
中心	5052	2589	51.25	2589	0	0	0	2463
吉祥	4424	1978	44.71	1978	0	0	0	2446
五星	4320	2183	50.53	2183	0	0	0	2137
李村	4089	2251	55.05	2251	0	0	0	1838
陶渡	5252	2112	40.21	2112	0	0	0	3140
万华	4649	1942	41.77	1942	0	0	0	2707
大元	3467	1968	56.76	1968	0	0	0	1499
鞠村	2729	1939	71.05	1939	0	0	0	790
席湾	5703	2574	45.13	2574	0	0	0	3129
盘渡	2661	2025	76.10	2025	0	0	0	636
姚桥	2249	500	22.23	500	0	0	0	1749
牌坊	3748	343	9.15	340	3	0	0	3405
新华	2998	511	17.04	503	8	0	0	2487
新村	3448	1426	41.36	1426	0	0	0	2022
何村	2699	1110	41.13	1017	93	0	0	1589
工农	2999	406	13.54	406	0	0	0	2593
薛村	2999	1836	61.22	1716	120	0	0	1163
宋河	2549	1654	64.89	1432	222	0	0	895
永胜	3598	2843	79.02	2277	566	0	0	755
在古	1799	236	13.12	236	0	0	0	1563
易漕	1248	59	4.73	0	0	0	0	1189

村名	土地总面积/亩	耕地/亩				林地/亩		其他土地面积/亩
		小计	占比/%	水田	旱地	小计	占比/%	
杨浩	1485	146	9.83	0	0	0	0	1339
杨柳	1394	550	39.45	0	0	0	0	844
谢滩	2999	1486	49.55	1358	128	0	0	1513
雷塘	3148	2173	69.03	2077	96	208	6.61	767
宿漕	3748	1880	50.16	1776	104	1588	42.37	280
千佛	1587	401	25.27	0	401	0	0	1186

第三节　区域人文简史

隋文帝开皇十三年（公元 593 年），划游龙县、平羌县部分境地设夹江县。唐武德元年（公元 618 年），划部分县境在今木城镇建南安县，武德五年（公元 622 年）撤销南安县，地域仍属夹江县。

元至元二十年（公元 1283 年），四川省洪雅县入夹江县。此时夹江县域东与青神县、北与眉州、西北与雅州、西与荥经县、南与峨眉县、东南与龙游县（乐山市市中区）接界。明成化十八年（公元 1482 年），夹江、洪雅两县分治，县境域如元初，东至眉州界 15 千米，南至峨眉县界 7.5 千米，北至眉州丹棱界 15 千米，东南至乐山县界 15 千米，西南至峨眉县界 15 千米，东北至眉州青神县界 15 千米，西北至洪雅县界 15 千米。

中华人民共和国成立后，1956 年，将悦连乡划归峨眉县；1959 年，眉山县三洞、吴家两个人民公社划属夹江县。1960 年，眉山县属梧风人民公社划属夹江县（梧风人民公社原属青神县）。由此，全县东西距离长 43.70 千米，南北距离宽 33.50 千米，幅员面积 748.47 平方千米，至今无变动。

一、区域简史

夹江县境古属梁州之域，春秋时为古蜀国开明氏王朝故地。

秦惠文王更元九年（公元前316年）秦灭蜀。更元十四年（公元前311年）置南安县，夹江县地属于南安县，即南安旧治。

汉初，汉高祖封功臣宣虎为侯，食邑南安，治所在今乐山市中区，南安县成为侯国，夹江县地为南安侯国属地。汉武帝建元六年（公元前135年）分割巴蜀，设犍为郡，南安县属犍为郡，见图1-5。

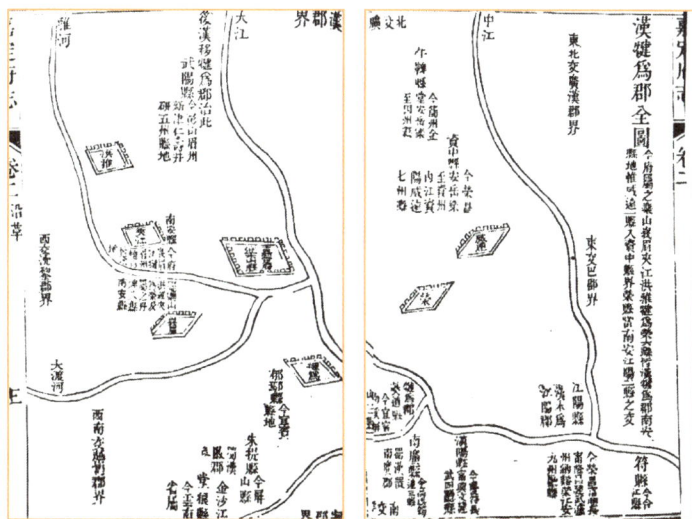

图1-5 汉代犍为郡——南安县关系图（张致忠 翻拍）

公元9年至23年，王莽建新朝，改犍为郡为西顺郡，夹江县地时为新朝所属西顺郡地。公元25年至36年，公孙述在成都建立"成家"政权，夹江县地时为成家政权属地。

公元25年，汉光武帝建立东汉，建武十二年（公元36年）灭公孙述后，仍置犍为郡南安县，夹江县地时为益州犍为郡南安

县地。蜀汉、西晋承袭汉制，今夹江县隶属不变。

李雄"成汉"政权时期，即西晋惠帝永安改元至东晋穆帝永和三年（公元304—347年），夹江县地为"成汉"所属犍为郡南安县地。

公元347年至373年，夹江县地为东晋所属犍为郡南安县地；公元373年至385年，夹江县地为前秦所属犍为郡南安县地；公元385年至420年，夹江县为东晋所属犍为郡南安县地。

刘宋、南齐时，夹江县地仍为犍为郡南安县地。南齐末，犍为郡为僚人聚居地，大多荒废无治。梁继南齐，领有今四川地区，其中公元504至508年，北魏占有今四川，夹江县地为北魏属地。

梁武帝太清二年（公元548年），武陵王肖纪开通徼外立青州，州治地在今眉山东坡区北10千米处，今夹江县以僚人聚居，地荒废无治。西魏废帝二年（公元553年）平蜀，改青州为眉州，今夹江县仍以僚人聚居，地荒废无治。

北周初仍置眉州，继又改为青州。北周保定元年（公元561年），于南安县地置平羌郡及平羌县。北周宣帝大成元年（公元579年），改青州为嘉州，平羌郡属嘉州，夹江地时为嘉州平羌郡平羌县地。

隋初仍置平羌郡、平羌县，属嘉州。隋文帝开皇三年（公元583年），废郡存州，以州辖县，今夹江县仍为平羌县地，属嘉州；四年（公元584年）改平羌县为峨眉县，并另置平羌县；九年（公元589年）改峨眉县为青衣县。

隋文帝开皇十三年（公元593年），改青衣县为龙游县。同年，割龙游、平羌二县地于今夹江县城北八里泾上置县。因泾口（即千佛岩处）有"两山对峙，一水中流"的自然形胜，故名"夹江"，夹江县名一直沿用至今。

唐武德元年（公元 618 年），县城由泾上迁至"平乡"（今漹城镇），县治地至今未变更。唐太宗贞观元年（公元 627 年），分全国为十道。开元二十一年（公元 733 年），又分全国为十五道，以道辖州、以州辖县，嘉州属剑南道。天宝元年（公元 742 年），改嘉州为犍为郡。至德二年（公元 757 年），又分剑南道为东西二节度，犍为郡属剑南道西川。乾元元年（公元 758 年），又改犍为郡为嘉州，夹江县属剑南道西川嘉州。

五代前蜀、后蜀遵循唐制，夹江仍属剑南道西川嘉州。

宋初仍置嘉州。宋太祖乾德三年（公元 965 年），将唐以后的剑南东、西两川之地置西川路。咸平四年（公元 1001 年），将四川地区分为益州、梓州、夔州、利州四路，路以下置府、州、军、监，府、州、军、监下置县。嘉祐四年（公元 1059 年），改益州路为成都府路，嘉州属成都府路。南宋宁宗庆元二年（公元 1196 年），改嘉州为嘉定府，夹江县属成都府路嘉定府。

元初仍置嘉定府。元世祖至元二十年（公元 1283 年），改嘉定府为嘉定府路，并省洪雅县入夹江县；二十三年（公元 1286 年），建置四川行中书省，简称四川省，夹江县属四川省嘉定府路。元顺帝至正二十二年至明太祖洪武四年（公元 1362—1371 年），明玉珍"大夏"政权时期，夹江县为大夏属地。

明太祖洪武四年（公元 1371 年）灭大夏，改嘉定府路为嘉定府；九年（公元 1376 年）又降为州，直隶四川承宣布政使司，夹江县属嘉定州。成化十八年（公元 1482 年），又分置洪雅县。

清世祖顺治元年至三年（公元 1644—1646 年），张献忠"大西"政权时期，夹江县为大西属地。

清初仍置嘉州。清雍正十二年（公元 1734 年），改嘉定州为嘉定府。嘉庆初，于四川地区置建昌上川南道、成都龙茂道、川南永宁道、川东道、川北道等五道，嘉定府属建昌上川南道。光绪三十四年（公元1908年），改建昌道为上川南道，夹江县属上川南道嘉定府。

民国元年（公元1912年），裁废道制，以府、州、厅直隶省政，夹江县属嘉定府。民国二年（公元1913年），袁世凯为恢复帝制，又废省改道，夹江属上川南道。民国三年（公元1914年），改上川南道为建昌道，夹江县属建昌道。民国十九年（公元1930年），撤销道制，以省辖县，夹江县属四川省政府。民国二十四年（公元1935年），四川设18个行政督察区和西康行政督察区，夹江县属第四行政督察区，专员公署设眉山县，直到民国三十八年（公元1949年）。

1949年12月16日，中国人民解放军第二野战军16军48师142团入驻夹江，夹江县解放。

1950年，将四川省划为四个行署区，行署下设专区，夹江县属川西行署区眉山专区。1953年3月，撤销四个行署区，成立四川省，省以下仍设专区。撤销眉山专区，夹江县改属乐山专区。1968年，各专区改称地区，夹江县属四川省乐山地区。1985年6月1日起，撤销乐山地区，改建乐山市，夹江县至今属乐山市。

二、政区演变

宋代，县以下为乡。今夹江县云吟乡时为汉川乡地；今甘霖乡宝华寺一带时为古贤乡地；今漹城镇谢滩村时为永兴乡地；今南安乡白岩村时为平岗乡地。

明代实行里甲制，百户为里，十户为甲。明成化十八年（公元 1482 年）前，夹江县编户为 15 里，即：在郭、牛仙、永兴、永平、汉川、永丰、古贤、南安、新兴（以上九里原属夹江县），洪川、中保、安宁、保安、义和、安贤（以上六里原属洪雅县）。明成化十八年后，夹江、洪雅两县分治，夹江县编户遂减为九里。

清初仍实行里甲制，夹江县编户减为六里，即：在古（在郭与古贤合并）、新仙（新兴与牛仙合并）、兴平（永兴与永平合并）、永丰、南安、汉川。

清代嘉庆时期夹江有 12 个场，即：茶坊场、马家场、土门场、永兴场、乾江场、南安场、歇马场、新场、迎江场、苟家场、白马场、孟公场。清代咸丰时期实行团甲制，10 家为牌、10 牌为甲，5 甲为保、数保为团；各团设办事机构，管理军民事宜，见图 1-6。

图 1-6　夹江县境图（张致忠 翻拍）

1911 年辛亥革命后，政权落入北洋军阀手中，四川各地长期陷入军阀混战的局面，至民国十八年（公元 1929 年）前，夹江区划无考。

民国十八年（公元 1929 年），实行团保制，夹江县分 7 区，下辖 12 场、64 团保。

民国二十三年（公元 1934 年）废区设乡、镇，夹江县 7 区 12 场改为 3 镇 4 乡。

民国二十四年（公元 1935 年）2 月，四川政权趋于统一。国民政府颁布《各县分区设署办法大纲》，通令各县分区设署。夹江县于民国二十四年（公元 1935 年）5 月，将县属 3 镇 4 乡划为 3 个区，第一区辖云吟镇、复兴乡、协力乡；第二区辖南安镇、修文乡；第三区辖甘江镇、永兴乡。并于茶坊成立第一区署，后因不符合附近规定，该区署于民国二十四年（公元 1935 年）10 月 25 日撤销，但仍按各区原划分范围，于民国二十四年（公元 1935 年）11 月 1 日正式成立 3 个区署，第一区为附区，区署设县府；第二区为丙等区，区署设南安镇；第三区亦为丙等区，区署设甘江镇。

民国二十四年（公元 1935 年）8 月，四川省政府公布《四川各县编查户口规程》，通令各县编查保甲，实行联保制。夹江县于民国二十五年（公元 1936 年）在 3 镇 4 乡所辖场镇基础上编成 3 区、17 保。

夹江县第一区区署于民国二十八年（公元 1939 年）12 月 31 日裁撤，第二、三区区署于民国三十一年（公元 1942 年）1 月 21 日裁撤。后仍按原定区划，成立三个指导区，作为县府的辅助机关，指导区只设指导员，不设区长。民国二十九年（公元 1940 年）8 月 1 日，划为 17 个乡、镇。

民国三十一年（公元 1942 年）7 月，夹江县政府奉令接收自洪雅县符场划入的 3 个保，峨眉县双福场的 1 个保，加上夹江县永兴 8 至 15 保，组成悦连乡，属第三指导区。从此，夹江县乡镇由 17 个增到 18 个，直至民国三十八年（公元 1949 年）底。

1950 年 1 月，夹江县人民政府成立后，即着手民主建政；2 至 3 月，成立 4 个区，第一区公所设漹江镇，第二区公所设甘江场，第三区公所设木城街，第四区公所设马村场；11 月又将云吟镇的 1 至 5 保和漹江镇的 1 至 5 保组成城关镇，将云吟镇的 6 至 16 保组成云吟乡，将漹江镇的 6 至 16 保组成漹江乡。废除保甲制度，改组乡、村政权，县以下为区，区下为乡、镇，乡下为村，全县共 4 区、1 镇、18 乡。

一区　辖城关镇、漹江乡、云吟乡、永兴乡、复兴乡。

二区　辖甘江乡、甘霖乡、甘露乡、顺河乡。

三区　辖木城乡、南安乡、华头乡、歇马乡、悦连乡。

四区　辖马村乡、中兴乡、土门乡、新新乡、迎江乡。

1951 年 1 月，增设第五区，区公所设华头场；将第三区所辖华头乡、歇马乡、悦连乡划归第五区管辖；将第四区所辖迎江乡划归第三区管辖。

1951 年上半年，将夹江县属华头乡的 11 至 14 保、洪雅县属华头乡的 4 至 8 保，共 9 个保组成麻柳乡；6 月，将第一区所属城关镇划归县人民政府直接领导。

1952 年 12 月，在土改复查基础上，对第三区行政区划进行了调整：将木城乡所属 9 至 12 村，共 4 个村组成木城镇；13 至 23 村，共 11 个村组成太平乡；南安乡所属 8 至 16 村，共 9 个村组成和平乡；5 至 7、17 至 20 村，共 7 个村仍为南安乡；木城乡 1 至 8 村，南安乡 1 至 4 村，共 12 个村组成青竹乡。

1953 年，进一步调整行政区划：1 月，将云吟乡的 8 至 10 村，新新乡的 6 至 9 村，共 7 个村组成蟠龙乡；8 月，将甘江乡所属 1 至 3 村组成甘江镇，4 至 10 村组成陶渡乡；甘露乡所属 1、2、6 及 10 至 14 村，共 8 个村仍为甘露乡；甘霖乡所属 1 至 6 村仍为甘霖乡，7 至 13 村，共 7 个村组成民主乡，14 至 18 村，共 5 个村组成胜利乡；顺河乡所属 4 至 9 村，共 6 个村组成团结乡，1 至 3、10、11 村，共 5 个村仍为顺河乡（12 村于 1952 年划给乐山杨湾乡）。

1953 年，全县计 5 区、3 镇（县辖镇一，区辖镇二）、28 乡。

1954 年 3 月，将双碑、陶渡合并入甘露乡，将二区所属团结乡划归一区管辖。

1955 年 12 月 25 日，县人民政府根据国务院"市辖区和县辖区公所的名称，均按地名称呼，不再按数字排列"的规定，对所属区公所进行了更名，并对区的区划进行了调整。将一区所属复兴乡、沩江乡与四区所属土门乡、马村乡、新新乡等 5 个乡建成复兴区，区公所设茶坊场；一区所属云吟乡、团结乡、蟠龙乡划入二区，更名甘江区，区公所设甘江镇；一区所属永兴乡，四区所属中兴乡划入三区，更名木城区，区公所设木城镇；原第五区更名华头区，区公所设华头场。

1955 年，全县计 4 区、3 镇（县辖镇一，区辖镇二）、26 乡。

1956 年，全县所属乡镇又进行了调整：2 月，撤销胜利乡，将原从甘霖乡划入胜利乡的 14 至 15 村划入云吟乡，16 至 18 村划入甘露乡；3 月 5 日，将团结乡并入顺河乡，民主乡并入甘霖乡，盘渡乡并入青龙乡，和平乡并入南安乡，悦连乡划归峨眉县管辖。

1957 年 4 月 10 日，将太平乡并入青竹乡。同年 6 月 15 日，撤销甘江区公所。

1958 年 7 月 13 日，撤销复兴区公所。同年 10 月 1 日起，全县成立 10 个人民公社。12 月 5 日，将迎江人民公社并入木城人民公社。12 月 10 日撤销木城区公所。全县计 1 区、1 县辖镇、9 个人民公社。

1959 年 2 月 1 日，红五星人民公社改称甘江人民公社。7 月 16 日起，撤销永河人民公社，分别建立永兴人民公社、顺河人民公社；撤销新门人民公社，分别建立新新人民公社、土门人民公社；撤销马中人民公社，分别建立马村人民公社、中兴人民公社。同年 10 月 18 日，眉山县所属三洞人民公社、吴家人民公社划归夹江县管辖。

1960 年 4 月 15 日，眉山县属梧凤人民公社划归夹江县管辖（梧凤人民公社原属青神县，1959 年省青神县入眉山县）。

1961 年 3 月 1 日，撤销复兴人民公社，分别建立云吟、漹江、复兴、蟠龙 4 个人民公社；撤销木城人民公社，分别建立青竹、南安、迎江 3 个人民公社；5 月 26 日，青竹人民公社改称木城人民公社，恢复木城镇建制；10 月 30 日，将南安人民公社调整为南安、和平两个人民公社，原南安人民公社地址不变，和平人民公社设龙沱大队；将梧凤人民公社调整为梧凤、土主两个人民公社，梧凤人民公社设梧凤场，土主人民公社设土主场；12 月 29 日，将吴家人民公社调整为吴家、青龙两个人民公社，吴家人民公社所在地址不变，青龙人民公社设永兴大队。1961 年，全县计 1 区、2 镇、23 个人民公社。

1989 年 10 月 28 日，云吟乡并入城关镇。

1992 年 8 月 13 日，撤销复兴区、甘江区、三洞区、木城区、华头区。将漹江乡并入城关镇，蟠龙乡、茶坊乡合并建立黄土镇；甘江乡、甘露乡并入甘江镇；永兴乡、顺河乡合并建立界牌镇；

将梧凤乡一分为二，分别并入三洞镇和青州乡；永青乡同吴场乡合并建吴场镇；改中兴乡为中兴镇，木城乡并入木城镇；改华头乡为华头镇；龙沱乡并入南安乡，共计9镇9乡。

1999年11月18日，原梧凤乡从三洞镇、青州乡分出，重建梧凤乡；原龙沱乡从南安乡分出，重建龙沱乡；原顺河乡从界牌镇分出，重建顺河乡；原永青乡从吴场镇分出，重建永青乡。

2001年8月，撤销新新乡建立新场镇；撤销甘霖乡建立甘霖镇。

2019年前，全县共计11镇11乡，即：漹城镇、甘江镇、木城镇、华头镇、吴场镇、三洞镇、新场镇、中兴镇、黄土镇、甘霖镇、界牌镇、永青乡、梧凤乡、青州乡、土门乡、马村乡、迎江乡、顺河乡、南安乡、龙沱乡、歇马乡、麻柳乡。

三、夹江县城沿革

夹江县城——漹城镇，古称"平乡"。隋开皇十三年（公元593年）建县时，夹江县城在今县城以北千佛岩古泾口上点将台附近。唐武德元年（公元618年）迁至今址，至今一直为夹江县治所在地，见图1-7。

民国二十三年（公元1934年），县城设云吟镇，以城北云吟山得名；民国二十九年（公元1940年），析置漹江镇，以县境内青衣江有"漹江"别称得名。云吟、漹江两镇以县城毛街为界，云吟镇公所设东街，辖16保、183甲；漹江镇公所设北街，辖16保、172甲。两镇1至5保在城内，6至16保在城郊。

1950年，将两镇在城内的1至5保另组成镇，定名城关镇，辖10个居民委员会，镇人民政府设青果街，属一区；1953年改由人民政府直接领导，城区有东大街、迎春街等29条街道；1968年，城关镇辖 5 个居民委员会。

图 1-7　1813 年以前夹江县城图（张致忠 翻拍）

　　1992 年 8 月 7 日，将县城城关镇更名为漹城镇。县委机关驻县城北街居委会（社区），县人大机关、县人民政府机关驻县城毛街居委会（社区），漹城镇人民政府机关驻县城迎春街居委会（社区）。县城东北接黄土镇，东接甘霖镇，南接甘江镇，西南与顺河乡、界牌镇隔青衣江相对，西接南安乡，西北接迎江乡，北接马村乡。县城东距离青神县城 35 千米，东南距乐山市中区 32 千米，南距峨眉山市绥山镇 18 千米，西距洪雅县城 38 千米，西北距丹棱县城 44 千米，东北距眉山东坡区 47 千米，距省会成都 132 千米。

第二章　工程历史

第一节　从毗卢堰到东风堰

清康熙元年（公元 1662 年），县令王士魁带县人在青衣江千佛岩峡口出口约 400 米处的龙吼滩（又称彭滩），以无坝取水方式扎竹石长笼百余丈建取水堰头，将青衣江水导入左岸长 700 米支流河床形成总干渠后，分配给下游的"八小、市街"二堰。建堰初期称"正堰"，因堰流途经毗卢寺和灌溉夹江东南坝区，故康熙二十四年（公元 1685 年）后被称为毗卢堰或者东南总堰。

清光绪庚子年（公元 1900 年），因田多水少引起长期争水诉讼，市街堰、八小堰将 700 米长的总堰剖沟分水。赓即获准，以八小堰堰头上延一千米，在距离龙脑石下游 100 米处截取青衣江水源，完成东风堰总干渠的第一次迁徙，并由此易名龙头堰。

民国十九年（公元 1930 年）冬月，因河道下切、取水不足，龙头堰堰头由龙脑石附近迁徙 4 千米至上游截取青衣江水源，完成东风堰总干渠的第二次迁徙。因迁堰工程由县长胡疆容[①]牵头、沿途凿穿千佛岩山崖、堰首坐落地名石骨坡，故龙头堰被官方易名为石骨坡堰，而民间则称为胡公堰或者穿山堰。

1950 年初，新生的夹江县人民政府，将石骨坡堰正名并冠以

[①] 胡疆容，字海周，四川宜宾人。民国十九年（1930 年）六月任夹江县县长，当年冬主持"穿山堰"工程，历五六个月竣工，于 1931 年夏通水，民众称为"胡公堰"。

全称为"夹江县龙头堰"；1967 年，因"文化大革命"开展"破四旧，立四新"活动，将夹江县龙头堰更名为"夹江县东风堰"；1975 年，东风堰堰头再次上延 5.88 千米，完成东风堰总干渠的第三次迁徙后，仍然以"东风"二字为堰名，并沿用至今，见图 2-1。

图 2-1　东风堰渠首枢纽位置沿革图（东风堰管理处供图）

一、工程始建及灌区工程体系形成

青衣江在夹江境内流长 33 千米，自西北向东南形成冲积平原——夹江中部坝区，这近 100 平方千米的坝区被主河道一分为二（未计入现行河道、河心洲坝和台地面积）。西岸平坝狭长，约为 26 平方千米；东岸在千佛岩峡口以上，有约 3 平方千米的平坝；千佛岩峡口以下的东南平坝广袤，约为 71 平方千米，是东风堰的主要灌区范围。

1965 年以前，由于江流的冲击，青衣江在这一坝区形成十数条支流、若干条岔河，这些支流、岔河绕道坝区后又先后汇入主河，从而为坝区农业发展提供了引水灌溉之便，也决定了其原始自然的灌溉方式，促进了夹江农耕文化的发展进程。唐武德元年（公元

618年），县治从"泾上"八里处迁至青衣江东岸的平乡（今漹城镇），进一步促进了夹江平坝地区的开发，其中大兴水利为重要举措。

清嘉庆十八年（公元1813年）《夹江县志》卷二《山川》引《宋史·一统志》载明："鹤洲（今漹城镇杨柳、杨浩、易漕三村），县北二里，即三洲之一也。滨雅河，宋提刑张方开新河以杀水势，正由此洲。"又《夹江县志》卷十二《杂录》记载："宋详刑张资中大兴水利，洪雅、夹江之间，民食其德。"史料考证：宋详刑张资中，即为南宋时期的资中人张方。因此，夹江县的水利工程由官府主导、官民共建、分级管理的建设发展历史，有现存史籍记载溯及的当从南宋起。

从民国三十八年（公元1949年）上溯至明代中期的四百多年间，青衣江河东地区的东南平坝、高塝地区，即现属东风堰自流灌溉范围内的7万多亩农田，由几十乃至上百条自成水源体系、保灌效率低的渠堰，辅以筒车、龙骨水车及零星的私家平塘提供灌溉。清初，将建于明代中期的"二堰"整合成"东南总堰"——毗卢堰渠系后至民国三十八年（公元1949年），虽然是东南平坝地区的主要大堰，但遇上枯水年份其最小保灌面积却只有0.75万亩，丰水年最大保灌和可灌面积也仅仅分别为1.25万余亩、2万余亩，见图2-2。

（一）工程始建

1. 明代陆纶开"八小、市街"二堰

通常情况下，我们确认东风堰的建堰历史为近360年，这是指它的总干渠——毗卢堰的延续使用时长。实际上，与总干渠密切关联的并使其灌溉功能发挥重要作用的，则是建于明代中期的具有完整灌排功能的东西干渠——"八小、市街"二堰。换言之，

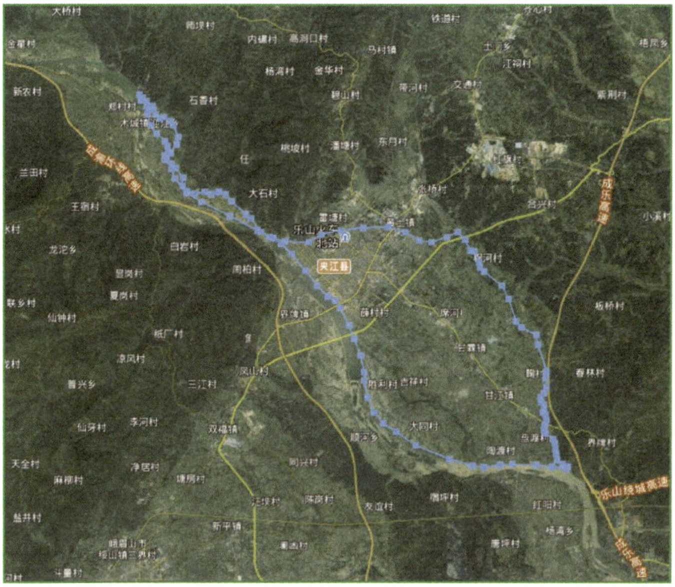

图 2-2　东风堰灌区区位图（东风堰管理处供图）

饱受明末清初战乱之苦的夹江县，若无"八小、市街"二堰存在的基础，则当年的毗卢堰就失去了兴建的意义。

清康熙二十四年（公元 1685 年），夹江县令李大成督纂的《夹江县志》（以下亦称《李志》）卷二《名宦》所载："陆纶为令，首重民事，开二堰水利，溉民田数千亩，至今赖之。"史料考证，陆纶在明代中期的 1488 年至 1499 年期间任夹江县令。

"溉民田数千亩，至今赖之"句表明：在夹江，从明代中期的陆纶任县令起，到康熙二十四年（公元 1685 年）近两百年间，夹江县城东南坝区的几千亩农田灌溉一直得益于所开"二堰"的功德。

康熙二十四年（公元 1685 年）后至民国二十四年（公元 1935 年）这 250 年间的两部夹江县志（嘉庆本、民国本），以及迄今 330 多年间的民间口传书载，均将明末清初古人就称之为的"市街堰""八小堰"合称为"遗泽长存"的"二堰"，未见有其他堰渠谓之"二堰"。

清康熙《夹江县志》卷三《水利》记载了当时夹江的自流灌溉情况:"夹邑有'三大堰''八小堰'之名,同出青衣江水分灌溉焉……市街堰县南一里,分流灌在古乡;永通堰(初名横堰子)县南三里,分流灌永丰乡;龙兴堰南十里,分流灌汉川乡。八小堰同一沟也,每一里许筑土为闸,涌水上田绕东城而下灌兴平、新仙等乡。"

《李志》所指的"三大堰",即为青衣江东岸的市街堰、永通堰、龙兴堰。由于"三大堰"属同一堰渠在"谢潭"分流灌溉县南田亩,且市街堰为首堰,灌区田户习惯上将"三大堰"总称为市街堰。由是,在康熙二十四年(公元1685年)后,夹江历史上就有了"东南总堰"下分"市街""八小"二堰之说。

因此,"市街""八小"二堰的发轫之初,就是明代县令陆纶所开的"二堰",其导流口递次坐落于青衣江左岸千佛岩刚出峡口的"龙吼滩"(又称彭滩)附近。它们利用了天然形成的青衣江岔河滩头扎堰截流取水,自流灌溉夹江东南田亩,见图2-3。

图2-3 "八小""市街"二堰,即现在东风堰的东、西干渠
(文智勇 摄)

2. 王士魁依靠绅民建毗卢堰

清康熙元年（公元 1662 年），陕西三原人王士魁任清朝第一任夹江县令。当时的夹江"四野萧条，烟户鲜少；城郭宫室，焚毁殆尽"。他上任伊始遍访县情得知：在明崇祯十七年（公元 1644 年）以前，夹江县可用男丁为 4386 个，是清初 320 个的 13.70 倍；全县可征税赋银 10349 两，是清初可征税赋银 764 两的 13.50 倍；两个朝代的每丁累计赋税分别是银 2.39 两、2.36 两，基本持平。

清康熙二十四年（公元 1685 年）修纂的《李志》卷二《赋役》记载了当时的舆情："康熙二年（公元 1663 年）清丈田亩，实在田地共 146 顷 29 亩（编者注：合 14629 亩）；人丁 320 丁；现征粮银 474 两、现征丁银 117 两、现征条银 173 两。"《李志》又记载明朝灭亡前（公元 1644 年前）夹江一邑的额赋："明季：田粮 6479 石；人丁 4386 丁；实征粮银 5799 两、丁银 3971 两，共银 9770 两；盐课银 578 两。"

王士魁意识到：改朝换代之后的夹江"满目蒿莱，寥寥生齿"，其生产力低下、公帑收入匮乏；在百废待兴的历史时期，不可急于修复毁于明末清初兵燹的县衙及城垣，应当首先将精力用在发展夹江日渐凋敝的农业生产上。而水利则是农耕之命脉，是政务之首要，守土一方的夹江县令必须勤政务实、体察时情、廉明公正，带领乡绅民众共克时艰，竭尽一县之力地搞好水利工程建设。只有这样才能保障农业生产迅速恢复，使民众能及时度过饥荒，公帑能做到收支有度，以此稳定民心，不再外逃求生，方能巩固新生政权，逐步摆脱积贫积弱的状况。

王士魁了解到：前明时期的夹江原住民，利用青衣江支流原

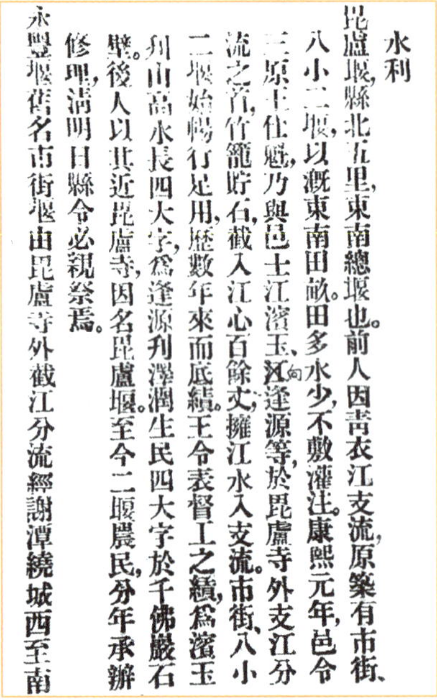

筑有"市街""八小"二堰灌溉东南田亩；但因多年战乱，造成人口流失、渠堰淤废，以致有田畴、无水利。于是，由他主持，委请本地士绅江滨玉督工，倾尽全县之力、动员集中可用的劳动力，在前人遗产的基础上，于千佛岩峡口出口处的龙吼滩（又称彭滩）上方，采取扎竹笼的方式无坝引青衣江水至"谢潭"（今漹城镇谢滩村——东风堰新桥电站处），分配给"市街、八小"二堰以灌溉东南田亩。民国本《夹江县志》卷四《水利》如此描述："支江分流之首，竹笼贮石，截入江心百余丈，拥江水入支流；市街、八小二堰，始畅行足用。"见图2-4。

此举，肇启了与市街、龙兴、永通（初名横堰子）、八小堰同源，至后来丰水时期最大灌溉能力两万亩的"东南总堰"渠系。因"东南总堰"流经毗卢寺（唐时称安国禅院）外，故康熙二十四年（公元1685年）后夹江人称之为"毗卢堰"。此时，东南总堰在谢潭分水的公议是：首先保障市街堰、八小堰灌区田亩的灌溉，多余的水则给予在市街堰上开缺分流的龙兴堰和永通堰灌区田亩使用。

所谓"东南总堰"，系指王士魁率众在青衣江刚出千佛岩峡口的龙吼滩处，利用左岸一段700米长的汛期分洪走水、枯期几近干涸的支流河道，通过筑扎在主河道上的百丈竹石长笼导流，

水利

毘盧堰，縣北五里東南總堰也。前人因青衣江支流，原築有市街、八小二堰，以溉東南畝田。多水少不敷灌注。康熙元年邑令三原王仕魁，乃與邑士江濱玉、汪逢源等於毘盧寺外支江分流之首竹籠貯石，截入江心百餘丈，擁江水入支流。市街、八小二堰始暢行足用。歷數年來而底績王令表督工之蹟為濱玉州山高水長四大字於千佛嚴石壁。後人以其近毘盧寺因名毘盧堰。至今二堰晨民分年承辦修理清明日縣令必親祭焉。

永豐堰舊名市街堰由毘盧寺外截江分流經謝潭繞城西至南

图2-4 嘉庆十八年（公元1813年）《夹江县志·水利》关于毗卢堰渠首枢纽始建的记载
（张致忠 翻拍）

在今天的龙头河防洪闸下游附近接水，流经夹江中学，再至东风堰新桥电站的这段渠道。它是东风堰 12 千米总干渠中最原始的一段，在今称"谢滩"、旧称"谢潭"处，分流给市街、八小二堰。

市街堰经由城西至南门外一里砌扎拦河堰埂引水，设分水小堰九道，枯水年则只保灌首堰即市街堰灌区的在古、永丰二乡农田 5000 亩（今漹城、甘霖二镇部分区域）；丰水年则除灌市街堰外，还可灌接它的余水其时堰头在县南三里的永通堰和县南十里的龙兴堰（这两条堰于 1736 年在金银河另筑堰头）。至雍正年间（公元 1723—1735 年），"三大堰"灌溉的农田面积共计有 1.25 万亩，其中，市街堰 5000 亩、永通堰和龙兴堰各为 3750 亩。

八小堰经城北至县城东郊，设分水小堰十道，灌溉永丰、辛仙二乡（今漹城、甘霖部分区域）；青衣江来水无论是否丰枯年景，均可灌溉农田 7500 亩。

清康熙二十四年（公元 1685 年），清朝第五任夹江县令李大成在督纂《夹江县志》时，整理了明代和清初以来前贤们带领百姓治水兴县的经验，将这条由官府主导、绅民共建的正堰着实地作了总结，卷三《水利》有如下记载：

"刚柔燥湿，因天之运；原隰沃衍，任地之宜。播艺之原，非水罔济也！有虞之浚畎浍、夏后之尽沟洫，岂非勤民事、重国本哉？况旱虐时作霖两难，凭以人力而佐天道之穷端，在乎此若目为细务。疏凿因人将勤惰在乎一时，而遗害及乎终岁。民命所保、国赋所关，岂细故哉？夹邑水利旧有成规，其间督责之严、检阅之精，是所望于贤司牧矣！"

"夹邑有'三大堰''八小堰'之名，同出青衣江水分灌溉焉。外此，山渠溪涧，亦多资之。而最苦难者莫过于正堰（东南总堰），江流急而下、堰水缓而高，必于大江（青衣江）中流编篓截之，复尽一邑之人。每岁早春时，极力疏治、俾阔而深，乃得有济。惟在为上者时勤踏勘、儆戒疏佣，使豪滑者不致漏役，则工多得以易成，是不可不察也！"

360 年前，县令王士魁会同绅民，以全县仅有的 320 丁劳动力作调剂，临青衣江筑堰引水的"东南总堰"——毗卢堰，当属对"市街""八小"二堰的"堰首"整合，它们之间是一种传承发展、完善创新、总分隶属的关系。康熙三年（公元 1664 年）冬月，王士魁在千佛岩题刻"山高水长"，以此彪炳乡绅江滨玉等人的功绩，铭记这项艰难而又创世的伟大工程。从此，"市街""八小"二堰田户，分年承办毗卢堰的维护修理，直至"市街""八小"二堰分治；每年的清明日都由县令带领田户、堰工举行祭祀活动祈盼丰年，直至民国三十八年（公元 1949 年）。

在恢复建于明代中期的市街、八小二堰灌溉功能建成毗卢堰的同时，王士魁委请乡绅向逢源等人，组织民众修复了青衣江右岸的凿箕堰灌溉工程。康熙三年（公元 1664 年）六月，他为乡绅车延相、向逢源、吕云凤勒"泽润生民"四字于千佛岩石壁，以表彰其修堰之功。凿箕堰始建于明万历十七年（公元 1589 年），明末清初废于兵燹，乡绅向逢源等人修复重建的取水口位于依凤山下的龙吼滩西岸，遥对毗卢堰堰头，灌溉永兴（今属界牌镇）、汉川（今属顺河乡）两乡约一万亩农田；1949 年 3 月，凿箕堰改名为依凤渠；1958 年夏，纳入石面堰（今名跃进渠）灌溉系统，是夹江县境内延续利用三四百年的又一水利工程。

3. 清代垦荒先畴掀水利高潮

史料记载，明末战乱导致整个四川人口剧减，可谓"弥望千里，绝无人烟"。就夹江县而言，人口也是较之明季骤减 90% 以上，并造成土地大量撂荒。为了避免土地荒置、增强国运能力，清廷采取了一系列优惠措施，以增加饱受战乱之苦地区的人口，促使迅速恢复社会生产力。

顺治六年（公元 1649 年）朝廷颁布《垦荒令》，顺治十四年（公元 1657 年）户部颁布《垦荒劝惩则例》，明文规定奖励垦荒有功者，并把垦荒的多少与户口的增减作为对地方官的考核依据。康熙三十三年（公元 1694 年），清廷以《招民填川诏》下令从湖南、湖北、广东等地大举向四川移民。诏书明文规定，移民垦荒地亩五年起才征税，而且新生人口永不加赋。于是，湖广人在朝廷恩威并重的大政召唤下纷纷举家移民四川，此即人们常说的"湖广填四川"。那些迁徙到夹江的外籍人，使本地人口飞速增长，也带来了先进的水利技术和文化理念，加大了青衣江两岸平坝地区垦荒先畴的力度。由于需要提供灌溉保障的田地迅猛扩张，夹江的水利工程建设在这一时期高潮迭起。民国二十四年（公元 1935 年）修纂的《夹江县志》卷四《户口、田赋》清晰地反映了那一时期夹江县的人口与可耕田地快速增加的过程。

截至清嘉庆十八年（公元 1813 年），夹江东南大坝加上明末清初以前建的渠堰共有大小近百条。民国二十四年（公元 1935 年）《夹江县志》卷四《水利》记载有廖家堰、徐麻堰、姚堰、曾堰、易堰、张堰、彭堰、大罗堰、小罗堰、王高堰、汪王堰、江沈堰、鸡鸣堰（坐落干家渡，使用筒车截取江水灌溉，1935 年以后称复兴堰）等规模大小不一的渠堰。在未统一规划治理青衣江的 1970 年以前，整个坝区从龙头河至新开河再到甘江河以右地区，被若干条岔河分割形成诸多的江心洲，使得众多的渠堰都自成体系。

它们当中除市街堰、八小堰、龙兴堰、永通堰、椒子堰、刘公堰、鸡鸣堰以外，其他渠堰灌溉面积普遍不大，多则上千亩，少则数百亩。

这些渠堰的命名，有的是因民众反映强烈由官府主持修建，就以县令的姓氏命名，如"刘公堰"即以县令刘际亨的姓氏命名，"杨公堰"即以县令杨如桂的姓氏命名。有的以堰头坐落处的地名命名，如市街堰、门坎堰、椒子堰、三根堰等。有的为乡绅牵头修建，就以其姓氏命名，如"廖家堰"即为廖泰灵先祖在明末清初从湖广移民而来的"成"字辈始祖廖成器牵头肇建，至第三代"文"字辈族人在康熙二十四年（公元 1685 年）以前完建的。

（二）灌区工程体系形成

1. 独立存在的灌区体系

从明代县令陆纶在青衣江左岸岔河引水新开八小、市街二堰，到 21 世纪的今天取水于千佛岩电站库区的东风堰，经由了自然环境变化、社会战乱太平、渠系分离合并的历史演变。民国二十四年（公元 1935 年）《夹江县志·水利》清晰地记载了现在东风堰自流灌溉 7.67 万亩以及部分机电提水的灌区范围内，其历史上是有独立的灌溉体系存在的。在这些灌溉体系中，有些从东南总堰——毗卢堰分离而取水于青衣江，有些起始便独自取水于青衣江，有些或取水于蟠龙河，或拦截山溪水，或筑陂塘以聚山泉雨水。兹依据历史记载择录于下：

毗卢堰：县北五里，东南总堰也。前人因青衣江支流，原筑有市街、八小二堰，以溉东南田亩。田多水少，不敷灌注。康熙元年（公元 1662 年），邑令三原王士魁，乃与邑士江滨玉、向逢源等于毗卢寺外支江分流之首，竹笼贮石，截入江心百余丈，拥江水入支流，市街、八小二堰始畅行足用，历数年来而底绩。王令表督工之绩，为江滨玉刊"山高水长"四大字，为车延相、向逢源、吕云凤刊"泽润生民"四大字于千佛岩石壁。后人以其近毗卢寺，因名毗卢堰。至今二堰农民分年承办修理，清明日县令必亲祭焉。

永丰堰：旧名市街堰，由毗卢寺外截江分流，经谢潭绕城西至南关外半里许，复以石截扎，引水入沟；于迎恩桥建筑洞口二，每洞高四尺四寸，宽三尺，长二丈五尺，用杀水势，俾免巨浸之虞。自洞口下流，每一二里许，筑石为闸，堰身宽约一丈四尺，深七尺，涌水上田。计小堰九道，流域长十五里，至狮子桥止，计田四百余石，灌在古、永丰二乡。

首堰，县南，坐落黄孝友坊；佳堰子，县南，坐落太平桥；杨小堰，县南，坐朱家村，系平分佳堰子水，以车机石为闸；王高堰，县南，坐落肖庵子；曾堰，县南，坐留古祠；刘冯堰，县南，坐李家村；江王堰，县南，坐大石桥；江沈堰，县南，坐落江家村；普沱堰，县南，坐江家坎，自刘堰上湃阙洞取水，又接取各堰余水。

龙头堰：原名八小堰，旧由毗卢堰谢潭分流，绕城北而东。清初即与永丰堰（市街堰）共沟分水，继以两堰争水兴讼，连年不息。清光绪二十六年（公元1900年），经嘉定府知府雷钟德同县令申辚亲勘，于沟中扎长石埂，令水平分，讼由是息。兹于民国十九年（公元1930年），田户等以堰高水低，接水不易，灌溉维艰，始议于石骨坡另辟堰头，截取青衣江水，作沟至千佛岩，凿山开洞，引水入旧有堰沟。水量丰足，甲于他堰。该堰田户，实利赖之。惟每间里许，筑石闸一道，堰身约宽一丈四尺，深七尺，壅水上田。分金带小沟一道，正堰十道，流域长十七里，至师坝止，计田六百余石，灌永丰、辛仙二乡。

门坎堰：首堰，县东，坐城碥；水碾堰，县东，坐城碥；杨公堰，县东，坐磨子石；王龙堰，县东，坐谢家村；罗堰，县南，坐石庙子；易堰，县南，坐易堰坎；刘堰，县南，坐刘石桥；彭堰，县南，坐张家村，余水败入柏木堰；火烧堰，县南，坐刘家桥；张堰，县南，坐张石桥。

龙头堰今名胡公堰，由民国十九年（公元 1930 年）胡前县长疆容俯顺田户之决议，测量计划，派款兴工；自兼堰工事务所正所长，督同副所长朱光藻暨各段段长、各堰长、沟长等，协心赞助，共告成功。修辟始末，惠灵庵竖有石碑详记其事。开堰祝文，附载《艺文》。

《李志》原载三大堰、八小堰同取青衣江水。分流灌溉县南市街、永通、龙兴，今仍著名；惟八小堰，继改龙头堰、今改胡公堰，又有称石骨坡新堰者，该堰水势实较从前畅旺焉。

永通堰：在县南三里许，旧与毗卢堰同源，由南门河扎堤截水进堰，杨柳漕其故道也，初名"横堰子"。清乾隆初年，旱干异常，无水灌溉。堰长吴怀庸等，以姜滩水势甚旺，较易成功，乃集田户等于五月二十七日夜，燃香表道，窃挖金银河；适逢雷雨交作，连日大水冲刷沿河民地，遂成新开河。地主张鼎新等联名控究，堰长吴怀庸等即瘐死于狱。嗣复上控，沐大宪批谕，谓虽人力所致，实天意也；饬吏丈量地亩，认价承粮，始名永通堰。计分小沟八道（旧宽约六尺，深七尺）：滥沟子、懒堰沟、谢小沟、余草沟、毛沟、双齐沟、吴沟、枧槽沟，流域长十四里，至汪家坎止；计田三百余石，灌永丰、汉川二乡。

龙兴堰：县南十里，旧仍与毗卢堰同源，截取县城河水，易漕其故道也。因与永通堰关系綦切，故改由姜滩金银河进水；筑石为闸，分流小堰六道（旧宽约六尺，深七尺）：车堰、琉璃堰、夏堰、徐堰、尹堰、傅堰。堰规井然，水源尤足，流域长十七里；至安西庙止，计田三百余石，灌永丰、汉川二乡。

新堰：初名刘公堰，县南十五里。清康熙四年（公元1665年），知县刘际亨以水源稍远，难周灌溉，即于五圣祠外开凿大沟；截取新开河之水，以资灌溉、民利赖之，故名刘公堰。继以河道变迁，引水不易，于清光绪年间（公元1875—1908年），经知县王运钧另筑堰堤，改由傅坝进水，颇得地势，今称良堰焉。计分十堰（旧宽约六尺，深七尺），流域长十六里，至法常寺止；计田三百石，灌汉川乡。

双合堰：县南二十里，截取徐麻堰、乾江河水，故以双合名堰。但逐年堰首均用竹篓盛石作堤，水多浸漏。民国十九年（公元1930年），经曾前县长曾习传勘明，饬令以石作堤，水无浸漏，水量始足。分水六沟，流域长十里，至石笋沱止，计田二百余石，灌在古乡。

鸡鸣堰：县南八里，旧志列县南小堰内。该堰实于干坝截取江水，计分上中下三沟，均用筒车取水；流域长十余里，灌田三百余石。

以上各堰，皆截取青衣江江东分流之水。

廖家堰：县北八里，接取云吟山溪水；贮石为闸，旧宽约八尺、深六尺，涌水灌田；分流小沟九道，流域长十八里，至徐堰止，灌辛仙乡。

廖家堰：首堰，县北，坐云吟坝；杨堰，县北，坐杨坝；龙洞堰，县北，坐姚桥坝接金带沟余水；凿拨堰，县东，坐郑板桥；郑堰，县东，坐周坝；彭堰，县东，坐彭坝；杨柳堰，县东，坐宽心坝；蒲堰，县东，坐白马庙，余水败入姚堰；徐家堰，县东南，坐徐家坝。

以上系云吟山溪流之水。

带河堰：县东二十三里，坐谢家碥，截取马村河水，逐年修扎，壅水灌田。分流至椒子堰，流域长三十里，至鞠村下坝止，灌辛仙乡。旧志（嘉庆本《夹江县志》）取蟠龙河水。

回觉堰，就蒙梓沟溪流作堰；自回觉庵上面起，至倒石桥与带河堰下游止，计灌田二百余石；水势畅旺，遇旱均能栽插，人称膏腴焉。

椒子堰：县东十余里，坐石柱坝，截取蟠龙河水；分堰六道，流域长二十余里，灌田一千余石。

三根堰：县东，坐王村；水碾堰，县南，坐咎石桥；宿堰，县南，坐宿坝；柏木堰，县南，并接彭堰余水，坐古贤坝；南山堰，县南，坐雷村；丁麻堰，县南，坐踏水桥。

烈节堰：县南二十里，坐两河口，截取蟠龙河水，灌田一百余石。

姚堰：县南，坐姚桥，接椒子堰，并接蒲堰余水；川简堰，县南，坐宝华寺；徐堰，县南，坐狮子桥。以上各堰系截取蟠龙河之水，见图 2-5。

又县东山溪小堰十一道灌辛仙乡：贾家堰，坐陈窑埂；白支堰，坐板桥铺；刘家堰，坐长冲口；汪家堰，坐马家坝；郑家堰，坐郑家坝；石家堰，坐石高山；二道堰，坐方家桥；三道堰，坐李家碥；周家堰，坐堰时庙；谢家堰，坐谢家坝；龙神堰，坐铁炉沟。

据访稿增入山溪小堰四道：黄葛堰、双合堰，俱县东马冲口；七贤堰、画眉堰，县东复兴场后。

又县南小堰四道，灌在古、汉川二乡：板堰子，坐严家村；

朱家堰，坐仪凤阁；干张堰，坐长草坝；双河堰，坐三个洞。

图 2-5 清嘉庆十八年绘制夹江县水利堤堰图（张致忠 翻拍）

县东坡塘十道，灌辛仙乡：梁家塘，坐梁坪；赵家塘，坐赵坪；王家塘，坐易高山；郑家塘，坐邓庙子；萧家塘，坐萧家坪；杨家塘，坐廖家碥；胡大塘，坐胡家坪；郑大塘，坐白云寺；李家塘，坐李坪；大堰塘，坐坛罐窑。

邑中大小堰塘，皆系农民自筑，田无定亩，故难悉载。

2. 灌区灌溉面积的形成

（1）刘际亨准开大沟成刘公堰

如前所述，市街堰在"三大堰"中属首堰，丰水年份的最大灌溉面积为 1.25 万亩，它在谢潭——毗卢堰枢纽处分流满足本堰 5000 亩灌溉后，多余的水方才给予在其上开缺分流的龙兴堰和永通堰共 7500 灌区田亩使用。因此，靠接市街堰余水灌溉，堰头位于县南十里的"末尾堰"——龙兴堰灌区，在枯水年份就用水不保。

清康熙四年（公元1665年），知县刘际亨下乡体察民情，了解到龙兴堰灌区因缺水无法稼穑，致使朝夕不保的灌区部分原住民弃土离乡、外逃谋生。为了解决龙兴堰因部分农田距离水源较远，在大春灌溉之际靠市街堰上游诸堰剩下的余水难以保障水稻适时栽插的困难，刘际亨"勘视精详，决意新开"，准予龙兴堰灌区这部分农田先期脱离毗卢堰体系。

他带领民众在县南十五里的五圣祠外截取乾江河之水，历经数月修筑成一条灌溉大沟，使汉川乡部分缺水田户不仅纾困，还扩灌了田亩。这部分脱离了毗卢堰体系灌区的汉川乡民众为感恩刘际亨，将此新的引水工程取名"刘公堰"。

清康熙二十四年（公元1685年）《夹江县志》卷三《水利》记载：

"刘公堰，新名也，县南十五里。因汉川一乡，原用龙兴堰水利，以地方稍远、水小难周，往往失旱、民多逃者。士人倡议白于县令刘际亨，遂行勘视精密，决意新开。不数月而渠成得播种焉！百姓德之，遂以其姓为名，刻石以记其事。实善政也，故书。"

刘公堰运行顺畅，灌区田亩不断扩大。运行至清光绪五年（公元1879年），囿于河道变迁使其引水困难，由知县王运均主导，灌区民众又另筑堰堤，改由颇得地势的傅坝取水。这次技改工程，建成流域长十六里，至法常寺止，共设置宽约六尺、深七尺的分水渠十条，灌溉汉川乡田亩三百石。刘公堰从此改称为"新堰"。

（2）永通龙兴在金银河新开堰

随着青衣江东南平坝人口递增，加快了农业生产的开发，同时，堰首取水口河床又遭遇逐年位移、下切，毗卢堰的引水条件也就满足不了灌溉需要，市街、八小二堰灌区的田户们经常发生争水官司。比较典型的是永通堰因另辟水源，还引发了一起牢狱官司。

永通堰在清康熙二十四年（公元 1685 年）以前，或可溯及前明时期称之为"横堰子"。它是在夹江县城以南三里接市街堰余水灌溉田亩的一条渠堰，杨柳漕为其故道。丰水时可灌溉该堰所有田亩，枯水时就无水可用。几十甚至上百年来，就着这条旱时不保灌溉的渠堰，农户们过着一年饱一年饥的日子。

乾隆初年（公元 1736 年）时逢亢旱，永通堰灌区的田户们实在是忍无可忍了。为人笃厚的堰长吴怀庸通过踏勘青衣江来水情况，发现支流"金银河"（姜滩，县城以南五里）一带水势旺盛，又离灌区较近，如果永通堰改在此处引水，将会使田户灌溉得到保障。他的想法得到了永通堰灌区绝大多数田户的拥护。于是，在没有上报县衙核准的情况下，吴怀庸等于农历五月二十七日召集众人，点燃香烛向天祈祷，当晚动手开挖永通堰新引水工程。

天有不测之风云，青衣江流域下起了倾盆大雨。连日的雷电暴雨使得青衣江洪水猛涨数丈，冲入金银河并沿着永通堰灌区田户们新开的进水口肆虐下游的沃土良田，不但把沿岸刚刚转青的秧苗全部冲走，而且还毁坏了许多农田，使得当年整个永通堰灌区农田里的稻谷严重歉收。因沿岸一带毁坏的农田无法复耕，这条堰被老百姓戏称为"新开河"。

地主张鼎新原本是最大的受益户，也是这次新开堰头的支持者，但这次暴雨洪灾给他造成重大损失，于是四处奔走游说，串联起一批田户，将吴怀庸等告到了官府。县衙派分管水利的吏员前往永通堰灌区调查核实后，知县以"窃挖金银河"罪名，将吴怀庸等抓进了牢里。吴怀庸冤枉之极，茶饭不思，加之恶劣的牢狱环境，没过多久，这个想要为大家谋一个福祉的堰长就死在了监牢里。

　　吴怀庸的儿子为父亲的死感到极度不平，他不断地上告，直至省府衙门。省上官员仔细审阅了上诉状，认为吴怀庸牵头新开堰取水事前虽然未经县衙核准，但起因旱灾而替大家办事，他的死确实委屈。于是特别批谕："虽人力所致，实天意也。"一并责成夹江县衙丈量永通堰灌区的土地，按亩分摊筹集银两，对吴怀庸的家人予以抚恤。既然吴怀庸的案子由省里平反了，永通堰田户便顺其自然地获准在水势旺盛的"金银河"筑扎堰头，利用"新开河"作堰渠取水。

　　同期，与永通堰关系密切的龙兴堰灌区田户，也因用水不足而获准在"金银河"紧邻永通堰取水口次第筑扎堰头引水。其时，永通、龙兴二堰共计 7500 田亩的灌溉完全脱离了毗卢堰体系，毗卢堰的灌溉面积正常年份保持在 1.25 万亩，直至光绪庚子年（公元 1900 年）。

　　（3）五通等堰分水扩建穿山堰

　　由于石骨坡堰（即龙头堰）的水源充足，民国二十四年（公元 1935 年）以后，经县政府水利委员会批准，从石骨坡堰之门坎堰以左分流一支，在县城东李牌坊等处新开五通、王沟、李沟、邓沟、黎沟等堰渠，灌云吟等地的部分田亩，计有"二百数十石"（一"石"为现行 12.5 亩）。其时，因五通等堰分水所致，石骨坡堰原灌区的另一部分田亩用水受到影响，受损田户怒称其为"瓜分堰"（刘有春语）。民国三十二年（公元 1943 年），舆情上呈，县水利委员会又另行批文，实施加深石骨坡堰堰头、扩凿穿山隧洞工程，民怨遂息。

　　（4）中华人民共和国成立以后的灌溉面积

　　1951 年春，夹江县龙头堰联合堰务委员会正式挂牌成立，司职堰务管理。大春开堰放水，水满沟渠，一并扩灌了所属南山、徐麻、川枧、定慧、姚堰等 10 条小堰的田亩，龙头堰的灌溉面积由 1949 年的 0.75 万亩一跃而达 3.34 万亩。

1953 年春灌时，扩灌了原由马村河取水的椒子堰、烈节堰和廖河取水的廖家堰的田亩，龙头堰灌溉面积增加到 4.30 万余亩；1956 年春，将甘霖、甘江片区的柏枝堰、椒子堰、双合堰、永通堰、龙兴堰等堰并入龙头堰，龙头堰的灌溉面积增至 5.54 万亩。

1973 年，夹江县出现多年未见的冬干春涸旱情。夹江县"革命委员会"组织全县各机关、厂矿、学校，争取部队支援，调集青衣江河东各个公社群众，修建黄土埂三皇庙和合峰岭三倒拐电力提灌站，将青衣江水通过东风堰送到三洞区的吴家、土门、新新公社及复兴区的部分旱灾地区，受益范围计 6 个公社、24 个大队、174 个生产队，抗旱灌溉达 2.10 万亩。此后至 21 世纪初，东风堰负责保障上述县东北地区的抗旱水源供给和水库及山坪塘的水源补给。现在仍然在东干渠八角庙处留有分水渠道，以备出现特大旱情急需供水。

1975 年完成东风堰堰头第三次迁徙后，借此将沿途迎江公社坝区及高塝 5000 余亩农田纳入灌区，东风堰自流灌溉面积增至 6.04 万亩。

1977 年春，在乐山地区水电局的支持下，由甘露公社组织劳力，40 天内将复兴堰灌区渠系改造为河西支渠，将甘露公社河西、胜利、大同、中兴等四个大队 4383 亩农田正式纳入东风堰灌溉体系。至此，自流灌溉范围覆盖了迎江、㳻江、云吟、茶坊、蟠龙、甘霖、甘江、甘露 8 个公社的农田 6.48 万亩。

截至 2000 年，因治理青衣江及改造蟠龙河后，1.19 万亩河滩地和水域湿地被逐年开垦成灌溉农田并纳入东风堰灌区，东风堰自流灌溉面积增加到 7.67 万亩、另有抗旱灌溉 2.10 万亩的供水能力。

3. 灌区工程体系的形成

中华人民共和国成立前，位于县域中部地区的东南大坝（又称云甘大坝，即今天东风堰主要灌区）还没有形成具有规模集中、有机联系的灌排渠道系统。这与近代战争创伤造成的落后生产力和未治理前的青衣江河道扰动、河汊网罗而形成不稳定的江心洲密切相关。在这样的原始自然条件下，决定了夹江东南坝区在近代以前的农业灌溉用水是以若干条自成体系的截取江流的堰渠引水为主、零星的平塘和积水凼为辅，配之以水车和筒车提水的方式来实现的。

在当时，环城郊区和漹江、云吟、甘霖等地，通过石骨坡堰分流有支渠永丰堰、门坎堰，由此派生的八小堰、四小堰，再沿青衣江往下的甘露、甘江等乡间，还分散着龙兴堰、永通堰、鸡鸣堰和复兴堰等纵横复杂、千疮百孔、不成体系的 400 多条大小水沟。这些渠堰名义上讲是堰，但设施简陋，也基本无衬砌保护，使用周期极短，至多能被称为埝。1951 年，由夹江县水利委员会将永丰、刘公、双合、五通、柏木、七小等堰与龙头堰合并，并组建了龙头堰联合堰务委员会，对外挂牌则为夹江县龙头堰联合堰务委员会。

东风堰灌区工程体系全面有机地形成，达到保灌溉、排洪涝、有效地补充地下水和地表生态用水的系统能力，是中华人民共和国成立以后，在一穷二白的基础上，从中央到地方各级政府不断加大资金的投入、政策的支持和灌区人民在党的带领下经年累月的艰辛付出中逐渐实现的。

（1）扩充总干设节闸

1952 年，农村土地改革完成，农民分得了自己的土地，生产积极性空前高涨，用水需求也随之增加，尤其是在春耕生产时用水量更是陡增且时间集中。为了解决用水矛盾，夹江县水利委员会决定当年冬季开展灌区渠堰工程大整修。实施的主要举措有：对龙头堰堰头至李河口的 1.80 千米干渠加宽 2 米、加深 0.30 米，过水量由 2 立方米每秒增加到 5.20 立方米每秒；堵塞龚滩、四眼桥等处漏水部位，减少输水损失；加高千佛岩处的穿山输水隧洞偏漕，增大过水能力；在龙头堰东西干渠分流处新建节制闸，以保障夹江县城及下游灌区安全，该节制闸命名为新桥防洪节制闸。

（2）扩大廖堰利分洪

1953 年 3 月 11 日至 4 月 30 日，扩大廖堰至新桥分洪沟，分洪量由 4 立方米每秒扩大为 10 立方米每秒。次年，廖堰分洪沟再次扩大分洪能力，分洪量由上年的 10 立方米每秒扩大为 30 立方米每秒。工程全长 1040 米，底宽 3 米，深 2.40 米，工程量为挖土方 0.78 万立方米、砌卵石 229 立方米，总投资 7784 元。至此，下游漹江、云吟、复兴、蟠龙、甘霖 5 个乡受其影响的两万多亩农田免遭洪涝灾害。

（3）强化枢纽修干渠

1954 年冬，县水利委员会再次组织扩大灌区岁修。堰头导水堤改竹笼卵石堆砌为水泥砂浆砌卵石，并增长 50 米，形成喇叭形进口，进水量达到 7.50 立方米每秒。增建进水节制闸 1 座，以调节水量兼防止洪水进渠；进水口至龚滩 2 千米干渠由 4 米拓宽到 8 米；千佛岩聚贤街外堰堤加厚 0.50 米、加高 0.40 米，渠底由 2 米加宽到 3~4 米；部分撤除 1900 年设置的分水旧堰堤，在谢滩（旧称谢潭）处另建滚水坝一座并设置东、西干渠枢纽分水闸门两孔；新桥至城东约 3 千米渠道加宽 1~2 米，加深 0.30 米，使输水更加流畅。

1954 年—1956 年还分期分批改造冬水田一季田为两季田，计 1.9 万亩，增产粮食 180 万千克。随着工程设施的改善，原有的 1.20 万亩人力车和筒车提水田改为自流灌溉。1956 年，建成分水枢纽新桥堤坝，并利用东、西干渠的水位差，调水支持夹江县第一座微型水电站——竹庐水电站建成发电。

1957 年，水利建设纳入县农水局统管，新建甘霖片区木制水轮机两处，再改迎恩桥明渠为暗渠。在此基础上，1962 年又把石河湾木渡槽改建成石渡槽。此后连续两三年，在甘霖、甘江、甘露片区新建 3 条支渠；对雀尾山倒虹管、龚滩堤坝、晏沱堤坝、千佛岩河堤及机砖厂外段防洪机制闸等支渠开展加固、增修工程。

1965 年冬，系统性地整理、增修甘露支渠，将龙头堰与永通堰、复兴堰（鸡鸣堰）等几条边缘支渠统一连贯，集中使用水力以供该区筒车车水灌溉。至此，以龙头堰为干渠，统一连接并扩修了渠道边缘的各条支、斗、农、毛渠，基本构成了夹江县环城坝区农田的灌溉网络。

（4）防洪灌溉建水库

1955 年，青衣江发生流量为 1.74 万立方米每秒、重现期 80 年一遇的特大洪水，尽管在 1953 年扩建了廖堰分洪沟，但仅仅解决了泄流的问题，洪水仍给夹江人民生命财产造成了巨大损害。因此，经县水利委员会决定，由龙头堰管委会主持，在雨量丰沛的漹江山区修建了坝高 12 米、库容 37.30 万立方米的宿槽水库。该水库是东风堰灌区灌溉、排涝功能的有机组成部分，一是有效地拦截了山溪暴雨洪水的无序下泄，减少了对下游县城及渠系和田畴的洪灾损失；二是增灌了漹江、云吟两公社1200亩田；三是为以后夹江的渔业发展中的鱼苗繁殖奠定了基础。

（5）改造冬水田和下湿田

1966年上半年，按照"统一规划、合理布局"的原则对灌区进行勘测设计，制订出结合排除下湿田的渠系改造方案。灌区人民坚决排除"文革"的干扰，于1967年春动工，历尽艰难险阻苦战4年，至1970年冬完成了东干渠的顺山和云甘支渠、西干渠的甘露支渠等渠道改造任务。工程共修建了支渠6条计2.29千米，挖土石方11.39万立方米，投工量9.43万个；修建了支渠以下的分水斗渠32条计76千米，挖土石方6.54万立方米，投工量3.27万个；同时由大队、生产队自行安排修建72条农渠。通过这第一次大规模由改造冬水田和下湿田而进行的渠系改造，加快并改善了水流状态、减少了输水损失，提高了全灌区农田用水效率。

（6）抢建抗旱渠水上丘区

1973年，夹江县出现多年未见的冬干春涸旱情。县"革命委员会"组织全县各机关、厂矿、学校，争取部队支援，调集青衣江河东各个公社群众，修建黄土埂三皇庙和合峰岭三倒拐电力提灌站，将青衣江水通过东风堰送到三洞区的吴家、土门、新新公社及复兴区的部分旱灾地区。

2月底，组织农水系统人员测量引、输水渠道，选定机房位置。3月初全线动工，日最高出工1.50万余人，平均日出工9000余人，县"革命委员会"副主任段玉楷、高山林吃住都在工地。经过全县军民一个月奋战，引、输水渠道修通，于4月5日正式试机通水。

抗旱工程——合峰岭三倒拐电灌站为二级提水。第一级设在黄土埂三皇庙，在夹江县城北门外的八角庙附近取东风堰水，通过 2500 米的输水渠，途经夹江火车站到三皇庙。

三皇庙站扬程 26 米，灌溉沤江公社的雷塘和复兴公社的茶坊、黄土、万松等大队 2000 余亩后，再通过 8 千米渠道流到三倒拐，水量不足时拦截马村水库放入灌渠的水补充，见图 2-6。

图 2-6　通过三皇庙提灌站机电设备把东风堰
水提灌到丘陵地区抗旱（张致忠 摄）

三倒拐站为第二级，通过 54 米扬程后，在土门公社的交通大队分渠。一条渠道北上，沿土门公社的民益、铁道大队至吴家公社的建设大队；另一条渠道东进，沿土门公社的白云大队至新新公社的红旗大队；再一条渠道绕叶高山至新新公社的合兴大队。

经过电力提灌站的抗旱渠道的输水断面为 3 平方米，总长 28 千米，提水能力为 1700 立方米每小时，受益范围计 6 个公社、24 个大队、174 个生产队，抗旱灌溉面积达 2.10 万亩。

这次抗旱大会战工程，因为时间紧迫，机电设备临时无处购买，县上八方求援，得到县内中央企事业单位的大力支持。黄土埂三皇庙站两台机组输出功率共190千瓦,从夹江水工机械厂借调;合峰岭三倒拐站3台机组输出功率共385千瓦,从九〇九厂借调。1974年,国家投资购置机电设备安装,三皇庙站装机350千瓦、三倒拐站装机270千瓦,工程总投资约25万元,原借用设备全部拆还夹江水工机械厂和九〇九厂。

（7）新建河西支渠增灌面

1977年,云吟公社永胜大队至甘露公社先锋大队,开始新建河西支渠,渠道总长度5千米,其间架设过水渡槽7座,投工3万多个。河西支渠的新建,解决了治理青衣江封扎支流,导致无水源灌溉的甘露公社部分农田以及原胜利、复兴两堰的农田用水难题,因此,东风堰新增灌面4383亩。

（8）大规模农田基本改造

1978年10月开始了对东南（云吟、甘霖两公社）大坝近2万亩农田的改造。在县农田基本建设指挥部统一领导下,动员灌区8300人大战一个冬春,于1979年3月完工。工程新开灌溉沟8条、排水沟15条,其中横排沟6条、顺排沟9条,挖土方20.53万立方米,填土方32.14万立方米,修筑大小桥涵384座,投工47.29万个。通过对东南大坝的最大一次农田基本改造,进一步发挥了东风堰作为夹江县骨干水利工程的领头和保障作用,使灌区实现了旱涝保收。

（9）技术改造和扩建配套

东风堰作为夹江县内农业灌溉及地下水补充的第一骨干水利工程,在中共十一届三中全会后,进一步加快了水利建设步伐。1980年起,龚滩至千佛岩的全部渠堤,逐年改用浆砌条石加固。此后,通过实施农业综合开发节水配套改造、续建配套与节水改造等项目，工程布局初步定型，其枢纽和骨干渠系为：节制闸 22 座、渡槽 11 座；总干渠 12 千米，干渠 2 条，分别是东干渠长 4.8 千米、西干渠长 13 千米，支渠 4 条 24.22 千米，斗渠 23 条 71 千米。其中实施的重点项目列举如下。

增设各类灌排节制闸 1980 至 1982 年，在干渠上修建了龚滩节制闸，见图 2-7。实现了既有利于防洪，又在岁修时不影响东风电站发电用水；另外，把基础不够稳固的卵石渠堤改建为条石渠堤。在千佛岩风景区内，对马尿溪至千佛岩 200 米的渠岸进行景观打造，修建了砌石大道和石柱栏杆，既美化了景区环境，又保证了东风堰隧洞区域的行人安全。陆续修建了灌区干渠闸门 24 处共 38 孔，其中：干渠电动启闭闸门 4 处共 11 孔，机动启闭闸门 6 处共 9 孔；灌区机动启闭闸门 14 处共 18 孔；1980 年新修闸门 11 处。从此，灌区的防洪排涝，有口、有闸、有人管，而且启闭灵活、操作安全。

图 2-7 始建于 1982 年、重建于 2006 年的总干渠龚滩节制闸
（东风堰管理处供图）

扩宽五里渡至石骨坡总干渠 1984 年，县委和县政府决定在东风电站的基础上，增加装机容量 1600 千瓦，选址与东风电站同址。

根据设计，电站增加两台 800 千瓦装机，加上原东风电站 3 台 320 千瓦的装机，总装机容量为 2560 千瓦，为保证发电需水，对东风堰迎江乡五里渡进水口至电站的 5820 米渠道进行了扩宽。该段渠道扩宽后，输水能力达到 51 立方米每秒。新增装机于 1988 年 3 月并网发电，由于电站坐落地名为门坎石，故电站被命名为门坎石电站。

渠道扩宽后，为今后除农业灌溉用水之外的城市环境用水、地下水补充、发电、渔业发展用水等留下了足够的空间。兴利发电后多余的水，由总干渠上龚滩节制闸至龙头河防洪闸之间的调节设施逐渐排入青衣江。现在，龙头河防洪闸的输水能力可达到 12 立方米每秒。

20 世纪 90 年代，门坎石电站通过协议被乐山电力股份有限公司收购。根据协议的主要精神：一是按照保障东风堰用水调度优先的原则，电站发电应服从东风堰灌溉、防洪工作的安排；二是五里渡进水口至门坎石电站、电站尾水至龚滩防洪闸共 8 千米总干渠的安全运行和维修，从此交由门坎石电站负责。

重建总干渠上龙头河防洪闸 龙头河防洪闸位于总干渠龙吼滩处，始建于 1972 年，是兼顾青衣江防洪与东风堰灌区用水的重要水利设施，是保障县城及东南坝区汛期安全的咽喉工程。由于当年工程仓促上马，留下诸多后遗症，限于夹江县财力，防洪闸带病运行近 20 年，属重大病险工程。

1991 年底，经县防汛指挥部向上级申报重建方案，省政府主管部门随即批准方案并下拨防洪资金 50 万元用于防洪闸重建。是年底，由东风堰管理处协助夹江县河道管理处在原址上游 30 米处实施龙头河防洪闸的重建工作。1992 年 5 月 10 日完成重建后正式交付东风堰管理处投入运行，解除了下游 71 平方千米区域的重大防洪安全隐患，见图 2-8。

图 2-8　始建于 1972 年、重建于 1992 年的龙头河防洪闸现貌（文智勇 摄）

实施节水增效示范项目　2001 年，东风堰实施节水增效示范项目，建设内容为：顺山支渠浆砌条石 1900 米，陶沟斗渠浆砌条石 450 米，文沟斗渠安砌 U 形槽 14212 米，三皇庙提灌站安装直径 600 毫米低压砼管 3050 米、直径 200 毫米低压砼管 2000 米，改建渡槽 400 米、蒲沱堰节制闸 3 孔。该节灌工程解决了甘霖乡 7000 余亩尾堰农田用水难问题。

2003 年，实施节水灌溉示范项目，对顺山支渠下的红光斗渠、陈河斗渠等渠道进行整治，共安砌 U 形渠槽、浆砌条石和卵石 15.6 千米，完成节水灌溉面积 3510 亩。

实施农业综合开发项目　2005 年 9 月至 2008 年 4 月，东风堰灌区实施农业综合开发节水配套改造项目。建设内容为整治渠道 44.64 千米，其中，总干渠 3.87 千米（含涵洞 0.6 千米）、西干渠 13 千米、东干渠 3.44 千米、云甘支渠 3.37 千米、顺山支渠 10.96

千米、河东支渠 5 千米、河西支渠 4.4 千米、新建渠道 0.6 千米；新建及整治渠道建筑物 55 处，其中，水闸 19 座、渡槽 8 座、农桥及涵洞 28 座；新建管理房 1000 平方米，量水设施 20 处。

汶川—芦山地震重建项目 2009—2014 年，灌区实施 2008 年汶川大地震、2013 年芦山大地震的灾后重建项目，包括应急抢险加固、改建新建渠系建筑、渠道维护等。其中，完成了宿槽水库地震损毁修复工程，重建马坝、吉祥渡槽工程，共完成干、支、斗渠岁修加固 114 千米，恢复灌溉面积 1.68 万亩。

续建配套与节水改造项目 四川省青衣江乐山灌区（流域）管理局为继续完成青衣江灌区续建配套与节水改造工程项目总体目标，先后在东风堰实施两期续建配套与节水改造项目。

第一期项目于 2015 年 10 月开工，2017 年 5 月完工，主要建设内容为：对东风堰总干渠 10+138–12+018、东干渠 0+000–1+025、西干渠 0+000–2+847 渠段进行整治。共整治渠道 5.75 千米，整治和新建渠系建筑物 42 座（处），见图 2-9 至图 2-12。

图 2-9　2015 年续建配套整治后的总干渠千佛岩聚贤街处（卢露 摄）

图 2-10　2015 年续建配套项目整治后的东风堰总干渠及东西干渠枢纽（东风堰管理处供图）

图 2-11　续建配套项目整治后的总干渠，该段始建于 1668 年（文智勇 摄）

图 2-12　续建配套项目整治后的东风堰东干渠（文智勇 摄）

在这次工程项目设计中，考虑到东风堰已列入首批世界灌溉工程遗产，经乐山市水务局主持，夹江县政府相关单位、青管局、东风堰管理处及水利部专家和设计单位开会反复研究，从人文生态景观和夹江县打造的峨眉前山风景旅游综合度假区规划要求以及世界灌溉工程遗产的形象风格考虑，对东风堰本次整治渠形、断面、衬砌形式、衬砌材料的选择等增加新的要求。工程采用豆石砼浆砌卵石对总干渠、西干渠及东干渠进行衬砌护坡，渠底采用 C20 混凝土衬砌。

第二期项目于 2018 年 9 月开工，2019 年 5 月完工。主要建设内容为：对宿槽水库排洪渠 0+000–2+613，顺山支渠 0+000–0+910、2+327–5+480、5+916–6+698、8+631–9+347，云甘支渠 1+260–1+500、3+277–4+670、4+906–5+177 渠段进行整治。共整治明渠长 10.078 千米，改建和整治闸门 8 座、分水洞 45 座，配套改造其他渠系建筑物 132 处（座）。

河湖水系连通工程项目　按照项目设计方案，项目分 A、B 两个标段进行建设。两个标段于 2017 年 9 月开工，至 2018 年 7 月底，完成主体工程建设。

主要建设内容：东风堰西干渠（新桥防洪闸至晏沱闸段）水生态整治；疏浚、加固东干渠至巴山斗渠；相关附属建筑物，主要包括小型取水闸、分水闸、渡槽、机耕桥等；以水利工程为依托，实施东干渠沿岸生态绿化工程、西干渠沿岸生态绿化工程、人工生态湿地工程的建设，见图 2-13、图 2-14。主要工程量为土石方开挖和混凝土浇筑。

图2-13　实施河湖水系连通工程后的东风堰遗产公园（卢露 摄）

图2-14　实施河湖水系连通工程后的东风堰西干渠（卢露 摄）

　　修建青衣江堤防工程　1965年，夹江县委、县政府开始组织实施青衣江治理工程。在从中央到地方各级政府和部门的支持下，通过全县人民，尤其是东风堰灌区人民的不懈坚持，至2015年，青衣江共封扎河汊80处，修筑有效防洪河堤44.83千米（其中保护东风堰灌区24千米），使主河道稳定下来，为沿江两岸的人民群众安全及农业灌溉提供了坚实有力的屏障，并新增耕地 2 万余亩（其中东风堰灌区 1.4 万亩）。不断积累和完善的青衣江夹江段防洪工程体系，保证了沿岸 20 多万人民群众安全度汛，为社会经济可持续发展发挥了极其重要的作用，是东风堰灌区各类工程能在历年汛期中安全度汛的有力保障，见图 2–15。

图 2–15　为保护东风堰灌区修建的青衣江防洪堤
（夹江县河湖保护中心供图）

二、引水枢纽演变

（一）王士魁依靠绅民建毗卢堰

清康熙元年（公元 1662 年），夹江县令王士魁委请本地士绅江滨玉督工，在前人遗产的基础上，于千佛岩峡口出口处的龙吼滩（又称彭滩）上方，采取扎竹笼的方式无坝引青衣江水至谢潭，分配给市街、八小二堰以灌溉东南田亩。（内容详见前文。）

（二）毗卢堰分治"八小"称龙头堰

青衣江在冲积平原段属游荡型河道，民间常以"三十年河东，三十年河西"来形容河道的变化。在没有实施大规模的堤防、河岸线控制等防洪束水工程以前，河道中泓失稳、滩槽迁移的现象经常发生。这就给利用滩头无坝取水的渠堰带来了引水减少甚至无水可取的结果。随着清王朝承平已久，社会生产力得到释放，农业快速发展，毗卢堰灌区土地复种指数不断提高，需水量不断增加，市街、八小二堰分流用水的矛盾不断加剧，致使部分农田时常无法按时栽插，争水官司连年不断，以致对簿公堂。

清光绪庚子年（公元1900年），经嘉定府知府雷钟德会同县令申辚亲到现场查看后当场裁决："前途各谋，石埂中延，二堰分至。"具体做法是：在700米长的总堰（总干渠）中纵向筑一条石灰浆砌条石堰埂平分水量，以讫互不相干。这条砌石堰埂筑在今夹江中学外，1975年冬，在复兴区委号召下开展的"大战四十天，改造龙头河"的农田基本建设中，将其彻底撤除。

然而，市街堰、八小堰剖沟分水后，仅解决了分水不均的问题，没有解决水量不足的问题。赓即，市街堰便获准在黑虎山前禹王宫外江的龙吼滩（又称彭滩，今龙头河防洪闸附近）另辟源头引水，并更名永丰堰，灌区田亩仍然维持在5000亩。八小堰则获准以堰首上延一千米过千佛岩聚贤街"车台子"，在距离龙脑石下游100米处截取水源，并由此易名龙头堰，灌溉面积为原八小堰灌区的7500余亩，见图2-16。民国二十年（公元1931年）县长胡疆容在《石骨坡开堰祝文》中如是表述："且改八小堰为龙头堰者，即取龙穿湾之上游，亦因龙脑沱[1]以起源也。"

---

[1] 龙脑沱：龙脑石所在的位置被称作龙脑沱。

图 2-16 东风堰总干渠"车台子"段（杨志宏 摄）

清光绪庚子年（公元 1900 年）的这场争水官司的结果，从本质上促成了毗卢堰渠首工程的第一次迁徙。

民国初期，因永丰堰水源再次枯竭，且龙头、永丰二堰田户的田亩有所交叉，彼此相关，龙头堰的余水经官府协调、民间同意供永丰堰有偿使用。龙头堰的最大供水能力再次回归到 1.25 万亩，永丰堰实为其分堰。夹江县政协《文史资料·水利专辑》中，记载了中华人民共和国成立以后龙头堰第一代堰工刘荣光和杨树卿、1928 年出生且于 1969 年任东风堰管理处支部书记的刘有春以及 1936 年出生的千佛岩聚贤街人张致忠等对这段历史的陈述。

（三）胡疆容顺从民愿建穿山堰

众所周知，平原地区的青衣江河段河道，只要发生造床或以上较大洪水，必然改变原有河床面貌。这时，漕滩易位、垮岸毁地，河床水位呈不利于无坝取水的方向变化是必然趋势。以下简录青衣江在那时发生的几次改变河床、毁坏田地的洪水以兹佐证：光绪二十八年（公元 1902 年），水涨数丈，沙地禾苗多被冲没；

光绪二十九年（公元 1903 年），大水自西城入、南城出，人民受水害者十之三四；民国六年（公元 1917 年）7 月，城乡陡涨大水，田禾被淹没、县城街道水深五六尺，居民十之八九受灾。

在这种情况下，原本水量丰沛的龙头堰又陷入了引水不易的窘境。尽管田户、堰工们竭尽全力稳固堰头，但所起作用微乎其微，滩槽位移的不利局面依然没能得到有效控制。历史上，曾经联合对岸的凿箕堰同时向江心扎竹篓，以期对攻堆滩、壅高水位，但终因江面宽阔，人力、财力不逮而收效甚微。这也是在生产力相对不发达的原始农耕时期，堰工们修筑的无坝取水工程因其导流工程结构和材料简陋（竹笼填石）无法抗御较大洪水而稳定堰头的内在因素所决定的。

因此，从清光绪二十六年（公元 1900 年）至民国十九年（公元 1930 年）的 30 年里，龙头堰灌区则时不时地困于引水不足的状态。到播种栽插水稻时只能听天由命，农民们往往要到青衣江发春水后，才能有水泡田栽插。因栽插季节推迟，每当水稻含苞抽穗期，就碰上三化螟盛期，那时还无农药可治。旱灾复加虫灾，县城至甘江一带白穗比比皆是，严重的时期占到 80%。那时的乡村还曾流传着这样的民谣："栽秧栽到端午节，秋来白壳泪水滴；田主登门来逼租，谷子收完肚空歇。"

1929 年、1930 年大旱复加亢旱，并且龙头堰取水骤然减少，以致灌区"播种失时，田谷歉收；米价昂贵，民苦饥馑"。于是，民众发出了迁堰扩渠的强烈愿望。民国十九年（公元 1930 年）六月，胡疆容任夹江县县长，到任便见闻了"堰高水低，难资灌溉；县人吁籲，穿山凿堰"的舆情，并决意顺从民愿，拟实施迁堰工程。胡疆容成立堰工事务所并自兼所长，委派县商会会长朱正章任副所长，赓即测绘地图，按受益田户每亩平均负担5块银圆造出工程预算。方案上报获准后，当年冬季动工至次年五月，共投资4万余银圆，实施龙头堰的第二次迁徙即第一次扩堰工程。

龙头堰的第二次迁堰工程，其堰首由龙脑石附近迁至上游4千米多的迎江乡石骨坡，依然遵循因地制宜、无坝引水，其中，沿途新开土石渠道3000多米。渠道途经千佛岩时，为了有效地保护唐代摩崖造像、明清题咏刊刻等名胜古迹，建设者们增加投资在大观山脚坚硬的岩石上，面江开凿5段明渠、6段暗渠构成的一条近400米的隧洞，见图2-17、图2-18，在聚贤街外河砌石头筑堰堤650米。经过扩建，堰头水位提高约7米，进水量骤然增加。

但由于工程施工计划不周、管理不善，不仅发生了包括揽工头张合山在内的20多人的伤亡事故，而且因土石渠道修筑质量低劣，出现通水后沿渠垮漏的情况。正如中华人民共和国成立后东风堰的老一代堰工们所述，工程一开始就放弃对老堰的修淘，致使出现新堰未完善、老堰又进不了水保灌溉的局面。因此，在新建工程后的两三年间，仍要等到农历五六月才有水栽秧，进而民怨激发。

民国二十二年（公元1933年）农历五月底，因龙头堰仍然无水栽秧，广大农民心急如焚。于是，灌区鸣锣聚众，数百人的队伍涌进城里问朱正章（字光藻）要水。

图2-17　东风堰总干渠上"穿山堰"隧洞明渠的一段。（文智勇 摄）

图2-18 "穿山堰"隧洞进口段
（张致忠 摄）

他们围哄朱宅，谩骂朱正章，朱不敢和大家见面。民众在他家哄闹一阵之后散去，第二天将枯萎了的"秧把头"挑进县衙门，堆放在大堂上以兹抗议。是年冬，几经周折，将渠道多处返工重修后，龙头堰才正常通水。

虽然此次工程的筹划与实施中出现了各种问题，但是这次龙头堰的迁徙扩堰，实为夹江县开埠以来农田水利建设的第一宏大工程，其意义重大，延泽未来。"穿山堰"引水工程，是田户首议、官府主持、官民襄事、千家利赖、万民称颂的重大善举。可以这样说，没有当年的"穿山堰"，就没有今天的世界灌溉工程遗产东风堰。

由于龙头堰迁堰扩渠的4万余银圆投资是本堰田户筹资，且堰头好、水源足，因而永丰堰灌区的5000亩农田灌溉，仍然如以前一样出钱向其购买余水，实质上成了龙头堰的一条支堰。

因龙头"新堰"有利于民，为彰显胡县长的功绩，民间曾称此堰为"胡公堰"，并刻字于千佛岩崖壁；又因该堰在千佛岩穿山而过，民间又称之为"穿山堰"。官方文献则因堰首坐落迎江乡石骨坡而改龙头堰堰名为"石骨坡堰"，直至1949年。

　　至此，石骨坡堰（即龙头堰）再次成为一条水量充沛、灌溉及时的大堰，龙头、永丰二堰在云吟、甘霖坝区的1.25万亩水稻田做到了年年满栽满插。受其引领，其他堰渠也加快了改造，得天独厚且取水有了保障的东南大坝从此成为夹江的米粮仓。有民谣赞唱："平阳大坝放水田，天干三年吃饱饭。"

　　时任县长胡疆容撰有《石骨坡开堰祝文》，兹录于后：

　　坤元德厚，万物赖以资生；坎泽流长，九河因而利导。是知地得水而龙蛇远放，水行地而禽兽害消。必劳创制于前王，田开阡陌；始溥深恩于后世，水溢沟渠。

　　维夹江县，本西蜀之偏隅，实南安之旧治。原有县北五里毗卢堰，系东南总堰之名焉。由康熙时而竹笼截扎，至谢潭以分流；逮光绪年而石埂中延，与市街而划界。且改八小堰为龙头堰者，即取龙穿湾之上游，亦因龙脑沱以起源也。第是历年既久，迭变沧桑；入水无多，屡枯田黍。负耒者，耕则难以小卯；积仓者，旱则不免呼庚。

　　疆容捧檄而来，心关民瘼；下车以后，目击时艰。因知雨若愆期，农驱犊返；秋无获岁，人苦鸿嗷。观其流泉，羞效耿恭拜井；溯其过涧，愿同郑国穿渠。爰是测地绘图，先请上峰之命；量田纳款，始兴分段之工。

　　水由石骨以流来，休濯五瘟之足；堰向岩心而穿过，未伤千佛之身。甚至石被火攻，洞则凿通十一；水因堰畅，田则灌溉万千。虽万咏崖前，水从龙涌；而一崖院下，堤较虹长。开始于庚午（公元1930年）之冬，告成于辛未（公元1931年）之夏。督工经五六月，席少暖时；用数约四万元，囊多空处。

　　兹当开堰之吉，宜修祀水之文。伏祈地母通灵，使多鳌戴；

101

水官感应，均慰蚁私。此时新绿良苗，四野皆免蝗来之患；他日深黄嘉谷，万家定叶鱼梦之占。

（四）三迁堰头二次大扩堰

从1963年起，龙头堰堰头取水水位降低，需要扎马权、打竹篓截水入堰才能保证栽插。春灌时，发生东干渠有水则西干渠水不足，反之亦然的现象。当时认为是青衣江水枯所致，采取轮灌后使矛盾得以暂时解决。1964年情况依旧，于是县农林水电局会同龙头堰堰委会派员进行测量，发现堰头水位较正常年景下降约0.3米。经查夹江水文站资料，青衣江水量与往年同期大致相等，因此得出龙头堰引水减少是青衣江河床变化所致的结论。立即向乐山专区水电局书面报告情况，并提出了改建堰头的初步打算。但因"文化大革命"开始，改建堰头的事情也就被搁置起来。

1967年汛期后，青衣江主河道西移，东风堰进水严重不足，每年依旧要费去大量的人工在堰头扎马权和打竹笼截水入堰才能保灌区栽插。1971年上半年，县农林水电局、东风堰管理处再次组织人员进行扩建堰渠的勘测和设计，但因"文化大革命"，方案未获批准。

时至1973年初夏，青衣江河床变化加快，因治理青衣江已经封扎了千佛岩以下左岸所有支流，使东风堰取水水源有枯竭的危险。与此同时，又增加了黄土埂三皇庙、合峰岭三倒拐提灌站，以保丘陵地区2.10万余亩农田抗旱提灌用水的负担。东风堰另辟水源之事迫在眉睫，必须立即采取有效措施予以解决。基于此，夹江县委、县"革命委员会"责成县农林水电局，恳请乐山地区水电局派工程技术人员到现场看了河床变化及进水困难情况后，迅速上报地区水电局，申请将开辟水源项目列入国家基本建设计划。

1973 年 7 月，县农林水电局组织力量勘测设计，提出将东风堰取水口从石骨坡往上游迁至迎江公社五里渡。迁堰方案拟订为：堰渠取水口向上游延伸 5880 米，其中，劈山开渠 1 千米，修筑防洪堤 580 米，新开深 3~6 米、底宽 8 米的渠道 4.3 千米，渠系建筑物有进水闸和防洪节制闸各 1 座、泄水闸 2 座。

东风堰扩堰方案迅速上报乐山地区"革命委员会"并获得批准后，于 1973 年 10 月正式动工实施。夹江县委、县"革命委员会"下令各受益区、社抽调劳力，组织专业队伍常年施工，划段包干，限期完成。当年正值"农业学大寨"的高潮时期，各级、各部门高度重视，受益地区群众情绪高涨，踊跃投工，使扩建堰渠的工程进展顺利，工期得到保障。1975 年 3 月扩堰工程竣工，总干渠引水量可达 22 立方米每秒。至此，完成了东风堰历史上的第三次堰头迁徙即第二次大扩堰，见图 2-19。工程共投资 60 万元，其中国家财政补助 20 万元，投劳 60 万个工日，开挖土石方 60 万立方米。同期，还在灌区新增了支渠 4 千米，斗渠 4 条共 6 千米，大小渡槽 5 座。

图 2-19　东风堰第三次迁堰至迎江五里渡后的堰头进水控制闸
（张致忠摄）

1976年11月，在东风堰上借用水流落差兴建的东风电站开工，电站位于石骨坡东风堰新旧渠道衔接处，利用水头7米，装机3台共960千瓦。东风电站从发电收入中支付一定费用给予东风堰，作以电养水补偿。

（五）兴建千佛岩电站堰首入库区

2008年，装机10.20万千瓦的千佛岩电站在东风堰枢纽附近的青衣江上建成，在拦河闸坝前形成2380万立方米库容的水库，东风堰堰头进入库区取水。正常情况下，东风堰在千佛岩电站的附属电站——装机3000千瓦的迎江电站尾水渠处取水，见图2-20。若遇附属电站检修等原因不能取水或取水不足时，则由千佛岩电站专为东风堰设置的侧面调节闸取水。自此，东风堰的引水无水源枯竭之虑，流量维持在51立方米每秒，原五里渡取水堰头功能自然消失。

图2-20　东风堰现取水口（文智勇摄）

东风堰通过长12千米的总干渠，灌溉覆盖迎江、霞城（原霞江、云吟合并而成）、黄土（原茶坊、蟠龙合并而成）、甘霖和甘江（原甘江、甘露合并而成）5 个乡镇、47 个村。

三、灌区工程演变

古代至近代的东风堰，其工程主要由堰首取水口、若干条土质渠道、长 400 米的千佛岩隧洞，配置以平塘、水车、筒车等原始汲水设施组成。现代的东风堰，其工程主要由取水枢纽、渠道、若干渠系建筑物、两座机电提灌站、一座水库组成。此外，在 20世纪 60 和 70 年代，还在一些高塝田灌区有水轮机泵的应用。

从古代到现代，东风堰灌区的工程设施（设备）和举措主要有：水车、筒车、水轮泵、机电提灌、节制闸、渡槽、渠道，其使用的材料有竹、木、卵石、条石、黏土、石灰、糯米、水泥、钢材等。

古代先民在使用自然资源中，尊重自然、改造自然，用智慧和勤劳达到了水旱从人的目的。上述一些取水工具和技能，是先民们生产生活中智慧的结晶，构成了东风堰灌区工程演变过程中的重要元素。随着社会的发展进步，它们有些被保留了下来、有些已经被后续替代而成为灌区永恒的历史记忆。

（一）古代到近代

在古代农耕时期，受生产力水平制约，农业灌溉条件与现代相比有天壤之别。大部分田低水高的地区灌溉，可利用地形、地势、水源河道的天然走向来构筑堰头引水，通过埝沟自流进入农田。在田高水低、水源充足或者天然沟凼集结有雨水，但又无法实现完全自流引水入田灌溉的地方，能工巧匠们发明了诸多的农田灌溉汲水工具，其中的龙骨水车和筒车就是它们当中的典型代表。东风堰灌区在近代以前的农业灌溉，就是以若干条自成体系的截取江流的堰渠引水为主，配之以水车或筒车提水的方式来实现的，其主要特点是无坝取水。

1. 水车

水车又称翻车，因为其形状犹如龙骨，故亦名龙骨水车。其中人力水车有脚踏、手摇，畜力水车有牛车、驴车。水车是将木质水叶板和龙筋连成链状，套在前后两轮上，外护以木质水槽组成。这种水设施历史悠久，为汉族历史上普遍使用的灌溉农具，流行于我国大部分地区。

夹江地区通常使用的水车分手摇和脚踏两种转动方式，见图2-21。脚踏的有用两人、三人至四五人，甚至七人的。手摇单车提水高度近一米，脚踏单车提高可达两三米，若几架车联合翻筼可达七八米高，每架车每日提水量可灌田2~3亩。水车可排灌兼用，易于搬动，丘陵和平坝都普遍使用。

图2-21　水车汲水灌田（张致忠 摄）

2. 筒车

筒车是将竹筒绑扎在车轮上，靠水流冲动车架的一种水力灌溉工具，见图2-22。它利用水流推动主轮，轮周小筒次序入水舀满，至顶倾出，接以木槽，导入渠田。按照材质分竹筒车和木筒车两种。利用水力转动的筒车，必须架设在水流湍急的岸边，将转轮浸入水中0.8~1米的深度。

车轮大小视提水高度而定，车轮直径通常为3米、5米、7米，在夹江山区有最大车轮直径达9米的筒车。轮周斜装若干竹木制小筒，有达42管者。筒车的使用最早记载见于唐代，宋以后逐渐推广。筒车的发明在一定程度上加快了中国农业的发展，它巧妙地运用了水能转换，有效地节省了劳动成本，是中国古人的智慧结晶。

3. 应用

古代夹江，位于县域中部地区的云甘大坝（又称东南大坝，是东风堰现今主要灌区）还没有形成具有规模集中、能有机联系

图2-22　筒车汲水灌溉（张致忠 摄）

的灌排渠道系统。由于农田高低不齐，为了使得一些田高水低的"塝""埂""墩"之类的台地用水，农人们因地制宜，使用筒车和龙骨水车等原始古朴的汲水工具，举水于自然河道与人工开凿的沟渠以满足灌溉农事。

中华人民共和国成立前后，东风堰灌区（云甘大坝）有近两千架龙骨水车，几乎每个村都有台地用龙骨水车提水灌溉，总面积达1.20万亩，有个别高台田还需用龙骨水车翻两三筒提水入田。

筒车多分布于青衣江、蟠龙河沿岸。其中，位于原甘露公社的复兴堰（1935年前称鸡鸣堰），在未并入东风堰以前是一条独立取水且非常著名的筒车堰。灌区的河西、胜利、大同、中兴四村计农田4383亩，全靠安装在堰上的筒车从青衣江支流提水灌溉。当年，这条由403架筒车组成，利用水力自动灌溉的筒车古堰，曾经在夹江县城东南大坝展现出古朴壮观、风光无限的农耕图画，

堪负川蜀原始提水灌溉遗产之重。

1960 年以来，东风堰灌区大规模的农田水利基本建设蓬勃开展，加快了堰、埝、渠系的整合改造，逐步实现自流入田，同时水轮泵、机电提灌站逐步兴起，水车和筒车的历史作用逐渐被现实代替。迄今，筒车早已淘汰无遗，龙骨水车也仅在极少的农家偏房才能见其踪影。而随着时代进步，坝区的水轮泵、机电提灌站也在因渠系改造实现自流灌溉后逐渐消失。

（二）现代工程变迁

如前所述，现在的东风堰灌区，在 1949 年以前大部分的工程系统是简陋残缺、零星分散和不配套的。那时所谓的堰，实际上是"埝"，整个渠系没有一寸渠道的衬砌，更谈不上防渗处理，而且没有一处防洪排涝和分水的节制设施，使得渠系的运行功能相当不健全。从清康熙时期到民国时期，每到汛期，青衣江洪水上涨渠水就会上涨，以致毁渠漫顶冲进农田，卷走庄稼，毁坏农田。以历史上西干渠（以前称市街堰或永丰堰）为例，由于洪水的冲刷，沿渠道一带就曾经形成了一条长约 10 千米、宽 100~200 米的乱石河滩，民间俗称为"西门河滩"或"南门河滩"。

1. 水轮泵的应用

水轮泵在 20 世纪 60 年代我国南方大量推广应用，东风堰灌区从 1964 年开始使用。

水轮泵是一种以水力为动力的提水机械，由水轮机和泵两部分组成。水轮机部分有导水装置、转轮、主轴等主要部件，水泵部分有叶轮、泵壳、泵盖及进水滤栅等主要部件。水泵装在导水装置的上方，根据抽提扬程的不同，水泵叶轮可以是轴流式、混流式或离心式。

水轮机的转轮与水泵的叶轮装在同一轴上，当水流向下流动时，冲击水轮机使主轴带动水泵叶轮一起旋转，从而达到提水的目的。水轮泵结构简单，制造维修方便，运行安全可靠，便于综合利用，可用于农田灌溉和山区供水等，凡在山溪、河道上拦河筑坝或渠道跌水等有水位落差的地方均可使用，其最突出的特点是无须机电动力进行提水。

1963 年 11 月，中共四川省委重庆会议提出"以电力和机械动力提水灌溉为主，提蓄结合，综合利用"的治水决策后，全省出现兴建提灌站的高潮。1964 年 10 月上旬至 11 月中旬，夹江县在东风堰灌区的云吟公社永胜大队沙沟坎动工修建第一座水轮泵站，水源来自东风堰渠水，灌面 200 亩。水轮泵型号为 40 型，其进水水头 2 米，出水扬程 5 米，流量 0.15 立方米每秒。修建期间，举办了半个月的水轮泵修建技术培训班，培训区、乡水利员 30 余人。1965 年又在漹江公社的杨柳和千佛大队、甘露公社的李村大队及新桥、晏沱、迎江石骨坡等灌溉片区共建设安装型号为 40 型的水轮泵站 6 座。

甘露公社复兴堰（1935 年前称鸡鸣堰），在水轮泵未普及之前，是一条利用青衣江岔河来水，以筒车提水灌溉的筒车堰。若 403 架筒车同时开启，提水量可达到 1 立方米每秒以上。1964—1965 年，灌区群众利用原来的筒车码头修建水轮泵站，共安装 40 型水轮泵 20 台、30 型水轮泵两台，灌面 3750 亩，筒车堰由此变成了水轮泵堰，提水效率得到显著提高。国家财政对水轮泵每台补助 300 元，不足部分和建设泵站的费用由受益社自筹解决。

当年，水轮泵的应用有效地解决了东风堰高塝灌区的用水问题，极大地减轻了使用水车、筒车的劳动强度，因此逐渐取代了水车、筒车的使用，在近现代灌溉工程中发挥了重要的作用。水轮泵不仅有提水的功能，经改造后，还能打米磨面乃至发电，因此深为灌区干部和群众喜爱。20世纪80年代开始，因灌区渠系不断改造完善和农村供电能力增加，水轮泵逐渐退出使用。

2. 现代灌区工程

1952年，在龙头堰东西干渠分流处，新建新桥防洪节制闸。1954年冬，东风堰堰头导水堤改单纯使用竹笼卵石堆砌为使用石灰砂浆砌卵石和竹笼卵石相结合，增长50米导水堤形成喇叭形进口，并新建进水节制闸1座。在谢滩处建滚水坝一座，修建东西干渠枢纽分水闸门两孔，扩宽总干渠和东干渠共6千米。1955年，在沔江山区修建宿槽水库。1956年，建成分水枢纽新桥堤坝。

1962年，石河湾木渡槽改建成石渡槽。此后连续两三年，在甘霖、甘江、甘露片区新建3条支渠。1965年冬，系统性地整理、增修甘露支渠。1967—1970年冬完成了东干渠的顺山和云甘支渠、西干渠的甘露支渠等渠道改造任务。

1973年，夹江东北丘区抗旱工程——合峰岭三倒拐电灌站、三皇庙电灌站建成。1977年，云吟公社永胜大队至甘露公社先锋大队，新建长5千米的河西支渠，架设过水渡漕7座。1978年10月开始了对东南（云吟、甘霖两公社）平坝近2万亩农田的改造。

1980—1982年，在总干渠上修建了龚滩节制闸，在总干渠上将基础不够稳固的卵石渠堤逐步改建成条石加固的渠堤。修建了灌区干渠闸门24处共38孔，其中：干渠电动启闭闸门4处共11孔，机动启闭闸门6处共9孔；灌区机动启闭闸门14处共18孔；1980年新修闸房11处。1984年，扩宽总干渠五里渡至石骨坡段。

1991年重建总干渠上龙头河防洪闸，1992年5月10日投入运行。

21 世纪开始，全面开展续建配套和节水改造项目，灌区发生了翻天覆地的变化，渠系水利用系数得到有效提高。2001 年，实施节水增效示范项目，2005—2008 年，实施农业综合开发节水配套改造项目，2009—2014 年，实施汶川—芦山地震重建项目，2017 年 5 月和 2019 年 5 月，先后完成两期续建配套与节水改造项目，2018 年 7 月底，完成河湖水系连通工程项目。

此外，不断完善青衣江堤防工程共 18 千米，为灌区的安全运行提供了坚实的保障，是灌区工程中不可或缺的重要组成部分。

第二节　工程管理

东风堰在建堰初期是典型的农田水利灌溉工程，现已发展成夹江县以农业灌溉为主，兼有城市防洪、排涝、发电和城市环境用水等于一体的综合性水利工程。几百年来，通过有效的管理机制、运行维护、用水管理等举措，使东风堰水利工程发挥了预期的灌溉效益和社会效益，实现了东风堰的可持续运用。

一、管理机制

在法律、法规和国家政策的制约、指导下，通过官方主导、引导，民间自办或协办，政府组织与用水户组织通过协商，按分级管理的原则实行官方和民间共同管理，是东风堰从古至今行之有效的管理机制。

（一）管理机构

1. 中华人民共和国成立以前的组织管理形式

民国三十八年（公元 1949 年）以前，农田水利建设由县衙核准，民间自建、自管、自用。东风堰的前身毗卢堰、龙头堰、石骨坡堰在作为民堰的几百年中，除非遇上重大事件需县令（知县、知事、县长）出面主导之外，平常事务则由民间公推的组织机构管理。

当时，夹江东南坝区的几十上百条民堰设置有堰长、埝长、段长和沟长，而且堰长每年更换一次。堰长职责是征收当年水费和办理冬季岁修事务，堰、埝、大沟以下由用水户自理。东风堰管理处保存有一通关于《公议砌扎大堰九堰条规》的石碑（现存放于东风堰水文化陈列馆展厅内），为清道光二十八年（公元 1848 年）所刻，将市街堰办理冬季岁修等事务事项刻石为凭。

民国起始，夹江县政府开始设置机构引导民间办理龙头堰等水利公共事务。民国八年（公元 1919 年）设夹江县实业所，民国十五年（公元 1926 年）实业所改名实业局，民国十九年（公元 1930 年）实业局改名建设局，民国二十二年（公元 1933 年）民国县政府改建设局为建设科，设技士 2 人，主管工交、农林、农田水利，只负责审批备案、监督检查，而不直接从事各项建设和具体管理。

民国二十四年（公元 1935 年）夹江县政府设立水利委员会，管理全县的农田水利工作，直至 1949 年。水利委员会由县长兼主任委员，另设委员 5 至 7 人。民国政府对农田水利等公共事宜引导或者主导的程度，与时局变化相关。

2. 中华人民共和国成立以后的组织管理机构

1949 年 12 月 16 日，夹江县喜获解放。

1950 年 1 月 5 日，夹江县人民政府成立。县人民政府极其重视水利事业，同年 4 月 11 日发布《保护渠堰的通告》，"查水利问题关系春耕及农业生产，甚为重要！我人民政府极为重视。凡我县人民应自觉保护渠堰，并加强管理、节约用水、解决纠纷，严防匪特乘机破坏。我人民政府为了恢复和发展农业生产，保证人民利益起见，特规定：凡我县人民均不得有毁坏堰渠事情，否则定严惩不贷。切切此告。"

1950 年 11 月，县人民政府召开夹江县水利代表大会。大会决定成立夹江县水利委员会，负责全县的水利工程岁修及抗旱防洪工作。水利代表大会选举委员 25 名，由县长王承基兼主任，吴登福（二区农会主席）、姜春在为副主任，任治均为总务，万明珍、李少彬、张谷人、叶荣昌为工务。随即，县水利委员会会议提出全县各堰水费的征收标准，并要求各堰从水费收入中提取 5%~10% 上交县水利委员会作为办公、会议和人员经费开支，会后形成文件报经县人民政府批准执行。县水利委员会办公地点设在东街一家私宅里，姜春在、任治均、万明珍为驻会工作人员。

赓即，县水利委员会召开大会，决定将永丰、刘公、双合、五通、柏木、七小等堰与龙头堰合并，并组建龙头堰联合堰务委员会。大会选举董德怀（漹江乡乡长）为堰务委员会主任，龚福和、江吉舟为副主任，共选出委员 20 人。同时，会议改选了各堰负责人，并将石骨坡堰再次更名为龙头堰。

1951 年春，夹江县水利委员会决定组建的夹江县龙头堰联合堰务委员会正式挂牌成立，将永丰、刘公等堰的岁修也纳入龙头堰统一管理。聘请专职副主任（代理主任）刘荣光、总务谭肇华、财务江正荣、工务杨树卿 4 人组成龙头堰工作班子，具体负责龙头堰灌区各堰冬季岁修管理工作。

　　夹江县水利委员会于 1951 年夏将办公地点迁至县城青果街，1955 年春，办公地点迁至县文化馆，1956 年冬，办公地点迁至西门外竹庐。1957 年元月，工作人员中有 1 人被解除职务、2 人调动工作、3 人被动员回家，县水利委员会解体。同年 4 月，县农业科、水利科合并为县农林水利科，龙头堰联合堰务委员会隶属县农林水利科。

　　夹江县水利委员会在 6 年时间里，收集整理了全县农田水利资料，为恢复原有水利设施功能和发展全县水利事业提供了决策依据。建立了全县各堰的管理机构和水费征收、工程岁修制度，领导了中华人民共和国成立初期全县的水利、抗旱、防洪工作，为以后全县的水利工程建设管理奠定了基础。

　　1964 年 5 月，按县人民委员会通知，龙头堰联合堰务委员会更名为夹江县龙头堰管理处，隶属县水利电力局。

　　1967 年上半年，龙头堰易名为东风堰，龙头堰管理处随之更名为夹江县东风堰管理处。管理处内设办公室、灌管组、工程组、财务组。

　　1970 年 1 月 22 日，乐山地区"革命委员会"批准建立夹江县农业服务站"革命领导小组"，代替县农林水电局的职能，夹江县东风堰管理处被纳入管理。

　　1975 年 8 月，恢复夹江县水电局工作职能，夹江县东风堰管理处隶属县水电局，内设机构不变。

　　2000 年 8 月 17 日，乐山市机构编制委员会办公室下发《关于夹江县东风堰管理处、市中区高中水库管理处上交市水电局直接管理后有关问题的批复》。核定乐山市东风堰管理处事业编制 114 名。其中处长 1 名（正科），副处长 3 名（副科），业务人员 110 名。

2000 年 12 月 18 日，乐山市水电局转发《乐山市人民政府关于市水电局理顺中型水利工程管理体制的批复》，夹江县东风堰管理处从 2001 年 1 月 1 日起上收乐山市水电局直接管理，并更名为乐山市东风堰管理处。

鉴于从 2001 年 1 月 1 日起东风堰将交由乐山市水电局直接管理，县水电局、东风堰管理处于 12 月 18 日按程序签署《关于东风堰上交市水电局管理有关问题的协议》。赓即，夹江县有关部门按程序办理夹江县东风堰上交乐山市水电局管理的相关手续。

2000 年 11 月 25 日，结合东风堰管理处实际情况，经市水电局研究，同意东风堰管理处内部机构设置为一室五科四所。即：办公室、政工科、财务科、水政科、工程灌溉管理科、综合经营科、漹城灌溉管理所、甘霖灌溉管理所、黄土灌溉管理所、甘江灌溉管理所。

2001 年 5 月 27 日，为进一步理顺管理体制，加强对东风堰灌区水利灌溉工作的管理，经市政府同意，成立乐山市东风堰灌区管理委员会。

2001 年 8 月 17 日，市编委会批复同意成立乐山市青衣江流域管理局。乐山市水利局下发《关于成立乐山市青衣江流域管理局的通知》，东风堰等单位被纳入其管理体系。

2003 年 3 月 25 日，乐山市青衣江流域灌区管理委员会成立，东风堰为管委会成员单位。同年 10 月，乐山市青衣江流域管理局更名为四川省青衣江乐山灌区（流域）管理局。

2008 年 1 月 18 日，东风堰管理处内部机构设置调整为一室、三股、五个管理站。即办公室、财务股、工灌股、水政股、漹城灌区管理站、甘江灌区管理站、甘霖灌区管理站、黄土灌区管理站、

三皇庙管理站。

以下为历任行政领导任职情况：

1950 年 11 月 5 日，龙头堰联合堰务委员会召开第一次堰务委员代表会，选举董德怀为堰务委员会主任，龚福和、江吉舟为副主任。

1951 年春，龙头堰堰务委员会聘请刘荣光为堰务委员会代理主任。

1962 年，梁顺金任龙头堰堰务委员会副主任。

1969 年，刘有春任东风堰管理处主任，宋启富任副主任。

1980 年，费树生任东风堰管理处副主任（主持工作），牟如忠任副主任。

1987 年 9 月 19 日，薛仕元任东风堰管理处主任，祝延允任副主任。

1993 年 11 月，赵洁培任东风堰管理处主任。

1998 年 12 月，黄明容任东风堰管理处主任，黄强、李敏任副主任。

2001 年元月，黄明容任乐山市东风堰管理处处长，黄强、李敏任副处长。

2003 年 5 月，周志勇任乐山市东风堰管理处副处长。

2009 年 5 月，童宗明任乐山市东风堰管理处副处长（主持工作），杨建新任副处长。

2011 年元月，童宗明任乐山市东风堰管理处处长。

2013 年 4 月，文智勇任乐山市东风堰管理处处长，朱艳任副处长。

（二）党群组织

1. 党组织

1969 年以前，东风堰管理处未单独建立党支部。1969 年，县水电局水利股长刘有春调东风堰管理处任党支部书记，1975 年 9 月 15 日，中共夹江县委批准成立中共夹江县水电局总支委员会，东风堰管理处党支部书记刘有春任委员，水电系统有党员 26 人。从此，县水电局党总支委员会的成员随人事变动而变动。由局长任党总支书记，副局长和下属单位党支部书记任委员。

1980 年，费树生任东风堰管理处党支部书记，1992 年，薛仕元任东风堰管理处党支部书记，1993 年，黄明容任东风堰管理处党支部书记。

2001 年 6 月，中共乐山市水电局党委批复：黄明容任乐山市东风堰管理处支部书记，周志勇任副书记，张生云、谢学英、文智勇任党支部委员。

2008 年，中共乐山市水利局直属机关党委批复：同意乐山市东风堰管理处党支部黄明容任党支部书记，周志勇任党支部副书记，黄强、文智勇、谢学英任党支部委员。

2010 年 4 月，中共乐山市水务局直属机关党委批复：同意童宗明任支部书记；张艳、文智勇任支部副书记；张生云、谢学英任支委委员。

2012 年 11 月，中共乐山市水务局直属机关党委批复：同意东风堰管理处党支部支委会由童宗明、文智勇、张艳、张生云、谢学英 5 人组成，童宗明任党支部书记，文智勇、张艳任党支部副书记，张生云、谢学英任支委委员。

2013年4月，中共乐山市水务局直属机关党委批复：文智勇任乐山市东风堰管理处党支部书记，张艳任副书记。5月，增补朱艳为东风堰管理处党支部委员。

2017年2月，中共乐山市水务局直属机关党委批复：同意东风堰管理处党支部文智勇、朱艳、谢学英、张生云、卢露5人为新一届党支部委员会委员；同意文智勇为党支部书记，卢露为党支部副书记，其余3人为委员。

2. 团组织

在水电局党总支建立的同时，团组织也建立起来。1975年9月，经共青团夹江县委批准，成立共青团夹江县水电局总支委员会。下属的夹江电厂、东风堰管理处、东风电站、马村水库等建立团支部或者团小组。

水电局团总支是领导水电系统团员、青年奋发向上的组织，是水电系统党组织的助手和后备力量。因年龄原因，团组织的领导成员变动较大，1985年水电系统有团员30人，罗玉兰为团总支书记、杜卫强为副书记。

2001年5月29日，共青团乐山市水电局直属机关委员会批复乐山市东风堰管理处团支部：同意陈万霞任团支部书记，朱艳任副书记，王艳、黄腊、黄伟为团支部委员。

3. 工会

2012年3月20日，经乐山市总工会批复：乐山市东风堰管理处工会第二届委员会由谢学英、袁兴明、卢露、何力、张启军5位同志组成。谢学英同志为东风堰管理处工会第二届委员会主席，张启军同志为工会经审员，卢露同志为第二届女职工委员会主任。

二、运行维护

农田水利工程每年最少要进行一次必不可少的维修，称岁修。根据工程性质不同，每年岁修的时间也不同。东风堰这类引水工程的岁修一般在冬季进行，叫冬修整补；塘库这类蓄水工程的岁修则在春灌放水后，蓄水降到最低水位的夏季进行，所以称夏修整补；另外，每年汛期的江河洪水、山溪洪水、区间洪水将会对渠堰、塘库造成不同程度的损毁，届时必组织力量迅速恢复其功能，此举称汛期应急抢险。

岁修是保障工程安全运行、延长工程使用寿命、实时满足灌溉用水、切实发挥工程效益必不可少的措施。灌区岁修或维修的保障来源于受益单位或个人投工投劳和按亩计摊计收水费。自古以来，东风堰的工程运行维护，无论是民间自主还是政府主导，均有官方制度和乡规民约可循。

（一）渠堰岁修

1. 民国以前的渠堰岁修

民国以前，通常情况下各堰每年的岁修由灌区田户自己公推的机构（堰务委员会）组织实施，本灌区的重大堰务变化、跨灌区的事务，则报请官府出面协调公断。如，清光绪四年（公元1878年）县南甘江双合堰水低堰高、桥梁阻道，则报请知县宋家蒸亲勘情形，公断处置，使民众得利而称道。民国十九年（公元1930年）双合堰原拦河导水堤漏水严重，报请县长曾习传视察，令其改为条石浆砌，灌溉用水得到保证。

渠堰岁修多采用承包制，即事前由堰长或者堰务委员会会同承包人，从堰头至堰尾巡视一遍，根据工程损毁情况，协商出承

图 2-23 《公议砌扎大堰九堰条规》碑文（卢露 摄）

包金额（大米）。承包人具备保人担保条件后，与堰长或者堰务委员会签订合同，立约承包。

这种承包方式，施工管理简便。但如果堰长与承包人串通一气、失去监督，则容易发生偷工减料，工程质量得不到保证，甚至造成灌溉失时。当然，这只是个别现象，古代夹江东南坝区灌溉规模较大、历史较长、管理日臻完善的渠堰岁修，自有其章法可循。

现存放在东风堰水文化陈列馆的一通订立于清道光二十八年（公元 1848 年）的石碑，见图 2-23，就翔实地记载了市街堰（大堰）上关于大堰及九堰的岁修管理，颇具代表性，兹照录于后：

公议砌扎大堰九堰条规

扎堰，各堰堰长堰期会同，务要亲身办买竹木，雇工修扎，不得置身事外，串通包揽。如有仍按前撤议规包扎及溢派等弊，九堰之人誓不出钱，并将值年堰长公同议罚。

扎堰起工之日，堰长将大堰公所誓牌挂出，俾田户等周知，每斗预派三十文，以备买竹木及工人食费，此钱限半月内齐完。俟清明开堰后，各堰长及田户人等齐集算账。倘大堰较常冲坏甚多，工程浩大，所派之钱或有不足，另行酌派；此钱即于三日内完纳，不得迟延。如值年堰长内有侵吞及田户估佷不出堰钱情弊，一并

120

禀究。

南门外拦河堰埂，今已坚扎石礅，以免年年砌扎。如有损坏，立即培补，工钱另行按亩派收。至当大堰之年，堰长果能节用，亲身督扎，每斗派钱不过三十文内外之间，便可足用至培补拦河堰埂，不在此数。

扎堰，每年定于正月十一日，九堰堰长会同议话，雇工办理，选秉公正直者办买竹木，不得侵吞公项。择勤俭、知堰务者经管。堰工不得盗卖竹木，如有此弊，一经查出，凭众议罚。

扎堰供给，务须节俭，自始至终。惟办事堰长每日方有食费，无事之后，不得于中希图口腹，以免滥竽。

每年清明，请县官开堰，各堰长及田户人等务要齐集，将所扎大堰逐一看明，如有不周到之处，一经指出，即行培补。倘遇天时不测，雨水稍缺，田户等不得借无水名色辄鸣锣，率众上挟官长，下累堰长，以致充当堰长之年正直畏事者，每推诿不前。而射利之徒遂得乘间而入，从中包揽，浮派堰钱，弊由于此。

每年扎堰支消，于开堰后秉公算账。另立大堰总簿一本，逐款分明，注出每项去钱若干。此簿轮流转接，以便后来当堰长者照簿办理，不致有误。

每年更换堰长，到秋后八九月间；九堰值年堰长约期会同，将九堰下季应当之堰长注名于堰牌上，每堰注名二人，以便下季一见周知，易于齐集。如更换不明，仍归旧堰长承当。

年经理大堰堰长

宋　岩　江百川　宋芝桃　袁世洪　江　浈

宋述奇　干启才　宋洪高　张秉川

九堰值年堰长

大罗堰	张秉川	干廷贵	干启才	张国良
佳堰子	宋洪富	袁世洪	宋 岩	
杨小堰	宋志尧	宋洪富	宋述奇	宋芝桃
王高堰	宋芝桃			
曾 堰	王福益	江 浈	曾应文	
刘 堰	王鸣盛	王应斗		
江王堰	张金玉	江元光	江百川	江先庆
江沈堰	江震昌	江百川		
蒲沱堰	韩国安	杜人模	贾玉售	

道光二十八年（1848 年） 岁次戊申菊月（9 月）吉日

恒山 江楫 书

《公议砌扎大堰九堰条规》（以下简称《条规》）为民间议定的乡规民约，类似于当今的用水户协会制定的章程，将渠堰的维修管理交代得一清二楚。

《条规》要求公开推举各级堰长，公示立照、明确职责，实行轮换制度，建立了公开透明的财务制度，对正常开支、节俭办事、账务移交、防止侵吞、违例处罚等作了明文规定，对渠堰岁修的负担标准、工程估算、造价议定、经费追加、工程验收等方面监督有加。《条规》还对田户不按规定及时缴纳应出款项，因非人为因素的用水延缓，但田户借此无理取闹，由此给予不法之徒趁机图利，并带来堰务管理混乱等方面也作出了具体约束。

可以说，《条规》是夹江古代水利工程维护管理制度的公序良俗，于当代农民用水户协会议事办事有很好的借鉴作用。

2. 中华人民共和国成立以后的渠堰岁修

1950 年 3 月下旬，夹江县第一届各界人民代表会议召开，会议决定加快恢复农业生产。其中的主要措施是：整修龙头堰、依凤渠等水利工程，增加农业灌溉面积。是年 11 月 5 日，夹江县成立了由 25 名委员组成的夹江县水利委员会，决定改石骨坡堰为龙头堰，并将永丰、刘公等堰的岁修也由龙头堰统一管理；同时，将永丰、刘公、五通、柏木、七小、双合等堰与龙头堰合并，并组建夹江县龙头堰联合堰务委员会。是年 12 月，县水利委员会组织灌区民众开展堰渠岁修工作。

此后，龙头堰灌区的渠堰岁修，从工作内容到方式都在不断变化。除对各级渠道淘淤、加固维护、保证通水外，还逐年加宽干渠、改善进水条件、增建防洪节制闸等，使工程逐渐完善、扩大效益。岁修管理方式则从承包制改为点工制，即规定受益田亩应完成的岁修工时，但点工制工效低，导致岁修时间延长。后来又改为包工计件制，将岁修工程按不同情况计算出工作量，然后按受益田亩均摊，按照所完成的工作量计算应得的补助费。这种方法工效高、工期短、质量好，统筹调集于各受益社队的民工，由工程单位给予少量生活补贴，各生产队评工记分。

1981 年开始，农村实行改队营为户营为主的生产责任制后，岁修劳力不易统一调集，岁修投工则改为按亩摊钱——征收岁修代金，这种方式延续使用近二十年。

为保障东风堰灌区的正常运行，按照全市统一步调，夹江县人民政府于 2010 年 3 月出台《关于加强水利工程灌区管理工作的意见》，明确渠道分级管理原则，由财政每年补助专款支付东风堰管理处，负责用于灌区干、支渠的维修养护。东风堰灌区工程管理实行分级管理原则，干、支渠及渠系建设维护由东风堰管理处统一管理；斗、农、毛渠及其附属小型建筑的维护管理由所在镇、村、社用水户协会负责管理。

在灌溉期间，用水户代表、执委会成员巡渠护水，用水组组织劳动力进行检查维护，保证渠道安全。放水结束后，用水户要对辖区内的渠道和工程进行检查，发现破损、坍塌后，及时组织用水户修复。重大安全隐患由乡镇用水户协会负责协调解决。斗、农渠及以下工程修复、设备更新时，由用水组制订方案，经用水组成员表决通过后，所用经费由受益人分摊。新建工程由乡镇用水户协会执委会组织规划设计、会员表决通过后，由乡镇政府组织实施，资金和劳务由新建工程的受益方分摊。

（二）水费征收

1.民国以前的水费计收标准

水费在民国以前叫作堰水钱。但凡引水灌溉工程，历来都有计收水费的制度。每亩收多少、以什么为标准计收，各堰有所不同，同一堰每年收取的数量也不等，总的原则是"量出为入"。就是根据当年堰渠的毁损和淤塞情况，预计修复所需费用，然后按受益田亩均摊。每年农历八九月间，由堰长召集田户代表会议，定出当年征收标准后即行征收。

如清道光二十八年（公元1848年）订立的《公议砌扎大堰九堰条规》，就明确地制定出在市街堰上，正常年景每斗农田摊派水钱不过三十文的标准，如有洪灾造成损害需立即培补，水钱另行按亩派收。

有些民堰，所灌溉田亩多数为几个大户所有，其管理就更为便捷。以乾隆四十三年（公元1778年）高安人朱邦任县令时修的双合堰为例：该堰是甘江大户黄姓、鞠姓、季姓、李姓等牵头修筑的，因拦截青衣江岔河——甘江河与徐麻堰尾水而成，故名双合堰。该渠堰长 5 千米，灌溉现今席湾、鞠村、盘渡等村 2500 多亩田地。该堰下设堰务委员会，堰长由几大姓派人轮流担任。为了祈求神明保佑，大约在乾隆晚期，堰务委员会通过田户公议，用双合堰收缴费用的余款和花纱帮大户捐赠，在双合堰流经甘江古镇处修建了占地 8000 平方米的王爷庙，祭祀敷泽兴济通佑王李冰。光绪三十一年（公元 1905 年）新学兴起，又因堰尾附近的二郎庙香火更盛，于是通过公议将王爷庙用来开办新学，即现在甘江镇第一小学。

民国时期，龙头堰、龙兴堰、永通堰等渠堰每年每亩的水费，以其用水丰歉及先后，整修工量多寡，通常维持在 2~5 升大米（每升约 1.5 千克）。

2. 中华人民共和国成立以后的水费计收标准

水费是水利工程运行中维修和管理费用的主要来源。中华人民共和国成立初期，仍然沿用"量出为入"的原则，只是将大米改为黄谷征收。1952 年，龙头堰每亩水费收黄谷 9 千克，龙兴、永通堰为 14 千克，其余各堰多少不等。

1953 年，夹江县水利委员会报经县政府同意，调整水费征收标准，农田灌溉用水实行定额水费。凡是纳入受益范围的，不论土质、产量及用水量的多少，都按亩征收相同的水费。水碾以砣为单位计，每砣每年交纳水费 100~200 元。

1978 年，党的十一届三中全会后，农村经济体制出现新形势。从 20 世纪 80 年代开始，水费的征收办法有了新的变化。在既有自流灌溉，又有抽水灌溉的地方，以村民小组为单位，将两种水费一并按田亩分摊，并统一征收，然后再分别支付各工程管理单位。

1985 年，东风堰自流灌溉受益田亩应收水费 2.5 元每亩。同期，东风堰灌区管理委员会议定，灌区代表大会通过，报经上级批准，从 1985 年岁修开始按"谁设障，谁清除"的原则，在每年岁修前由东风堰管理处计算出实际数量，并根据市场价格体系，按实对占用干渠管护范围的住户计收掏淤费和运输费。

以后，水费计收标准由政府物价部门按物价变化适时调整。如 1986 年，按照夹江县政府有关水费计收办法，经东风堰管理委员会会议讨论，东风堰管理处向上级报送《关于 1987 年水费计收标准的意见》的建议；随即，县政府下发《关于改进水利工程供水计费办法的通知》，提高水费计收标准。1999 年 2 月 26 日，乐山市物价局、乐山市水电局下发《关于调整乐山市中型水利工程农业供水价格的通知》，东风堰涵盖其中。

东风堰上交乐山市水电局管理后，市物价局、市水利局于 2002 年联合下发《关于乐山市中型水利工程单位 2002 年度农业供水价格的通知》，东风堰农业供水价格为标准灌面 26.6 元每亩，非标准灌面按原规定折算，另外按 3.2 元每亩收取岁修代金。2003 年，乐山市物价局、乐山市水利局下发《关于乐山市中型水利工程单位 2003 年农业供水价格的通知》，东风堰灌区计收水费标准调高：自流灌溉 36.6 元每亩，提水灌溉 21.96 元每亩。

2006 年 6 月 1 日起，国家废止《中华人民共和国农业税条例》。2009 年，乐山市率先在全省范围内停止全市农业灌溉水费征收。至此，征收农业灌溉水费作为农田水利工程运行维护管理的主要资金来源，改由市、县两级财政每年按比例转移支付乐山市东风堰管理处。重大工程建设项目及抗御灾害的所需资金，仍然按照老办法向国家申请基本建设项目，经审核批准后按计划下拨。

（三）确权保护

修建水利工程，不可避免地要占用一些农村集体土地。尽管在修建时，县人民政府已责成水利、国土等单位与东风堰灌区乡（镇）、村、社三级，按照国家相关规定协商作了处理，但处理结果并不尽如人意。有的地方时过境迁，又旧话重提。特别是1981年后，有的人在渠堤上乱挖乱种，有的侵占、强占工程用地、岁修飞沙地建房等永久或临时设施。此类情况因权属不清而无法管理，由此造成水利设施遭到不同程度的破坏，严重影响工程安全和效益。

根据四川省人民政府〔1983〕187号文件规定："各类水利工程应按工程安全和管理工作的需要，划定管护范围和保护用地。"1984年，经县人民政府组织，对东风堰水利工程开展了清理工程占地、划定工程的管护范围、解决好水利工程综合经营用地的工作。明确："渠道管护范围、排灌渠道的干支渠和大型灌区的斗渠以及这些渠道内堤顶顺坡上延2~5米，外堤堤脚外延1~5米，高填险要渠段和飞沙用地5~10米。"在此基础上，由东风堰管理处和所在地的村、组分别签订协议，明确东风堰水利工程的所有权、使用权和管理权；由县人民政府颁发"水利工程管理证"，并在水利工程周围栽桩打界明确管护范围，制止有损东风堰安全运行的行为。

但是，在20世纪八九十年代，灌区沿渠一些单位和个人，以各种手段侵占飞沙地段，倾倒废渣、垃圾，破坏工程设施，致使渠道淤积加厚、流速减缓，严重地阻碍了东风堰安全运行，影响到灌区农田灌溉用水，直接造成农业生产损失。针对这些情况，1984年，夹江县人民政府批转夹江县水电局《关于进一步做好保护水利工程设施工作的意见》；1985 年，夹江县人民政府颁发了《夹江县人民政府关于保护东风堰水利工程设施的通告》；1994 年，夹江县人民代表大会常务委员会出台《关于依法治理管护东风堰的意见》；1995 年，夹江县人民政府颁发八号令实施《东风堰水利工程暂行管理办法》。这些政策的出台，严厉打击了水利工程中出现的各类违章、违法行为，对东风堰起到了行之有效的保护作用。

2017 年，制定东风堰环境保护办法，开展多部门联合执法。由夹江县环保局、水务局、住建局、城管局联合发文《关于禁止向东风堰倾倒垃圾等废弃物的通告》；加强污水管网建设，将东风堰沿线居民生活废水全部纳入城市污水管网；千佛村所有农家乐生活垃圾按照"户分类、村收集、镇转运、县处理"的原则进行处理，生活废水经二级生化处理后达标排放；东风堰工程沿线禁止新建与保护东风堰、保护饮用水源无关的设施和项目；东风堰取水口至城区设置隔离带。此外，东风堰管理处配备专职环境治理人员，定期对渠道沿线、闸门、取水口等区域进行垃圾清理和环境美化，以保障渠道水流畅通和渠道环境的整洁美观；对工程沿线游客众多的地方进行必要的旅游疏导，尤其是汛期，会发布灾害风险预警。

（四）三查三定

水利工程开展"三查三定"是为了真正弄清每项工程的安全、效益和经营管理状况，制订加强管理工作的计划和措施，为除险加固、挖潜配套提供可靠的资料。

按四川省水电厅〔1982〕农水 224 号文件规定："三查三定的具体内容是查安全、定标准，查效益、定措施，查综合经营、定发展计划。"具体工作要求：复核原设计资料，查实水利工程的集雨面积和库容，定出应达到的防洪标准，确定工程是否安全，核实灌溉面积，定出开展综合经营的计划。

因为"三查三定"工作数据要精确，内容又繁杂，故县水电局派出工程技术人员并抽调灌区部分区、乡水利员一同协助东风堰完成"三查三定"工作。1984年3月8日，四川省水电厅委托乐山市水电局对东风堰的"三查三定"工作进行审查，经评议合格予以通过验收。

三、用水管理

在东风堰灌区，大春作物历来以水稻为主。水稻从育苗到扬花结实的100余天，都在水中度过，稻田灌溉以淹灌为主。淹灌分两期进行，即整田和掺水。

传统整田方式以二犁二耙者居多。小春收获后的每亩田需水量为：壤土100~130立方米，沙土130~180立方米。20世纪50年代初期，四川省水利厅总结推广新法泡田，优点是"省水、保肥、增产"。1955年在蟠龙乡罗华村进行的对比试验表明：新法泡田与传统方式比较，每亩省水30立方米，增产水稻17.5千克左右。20世纪70年代后期，因耕牛减少、机耕增多，出现一种新的泡田方式——免耕法。即小春收获后就泡田，待水穿透后施肥，然后由手扶拖拉机带旋耕机整田。此法省力省时，日渐普遍。

掺水是栽秧后按不同生长期补给水量的措施。水稻整个生长期，每亩田的用水量为：坝区500~600立方米、丘区400立方米、山区300~350立方米。

（一）中华人民共和国成立以前的用水管理

民国及其以前的时期，各堰的用水调度管理通常由田户们公推的组织司职。灌区大小堰沟纵横、灌区交叉、土地私有，渠系之间各立门户，水量调节困难、用水丰歉不一。虽灌区是引水自流，但仍有不少农田靠关冬蓄水待耕；渠中水碾、水磨等动力设施较多，滞水浠水影响水流畅通甚或减少水量；加以土豪劣绅恃强凌弱，抢夺用水；上下游之间、邻堰之间、水户之间各自为政，争水、抢水甚至斗殴伤亡时有发生。面对混乱的用水秩序，若民间自治组织到了无力协调和统一的地步，则只有上诉官府开启诉讼。

光绪四年（公元 1878 年），因位于县南 10 千米、截取蟠龙河水的烈节堰历年分水不平、酿讼不休，时任知县宋家蒸"轻装履勘，悉心酌定"，使得以往无水灌溉的田亩得到用水保障，农人们喜获丰收而使诉讼得到平息。在他任期，又因位于县南 10 千米的双合堰"水低堰高、桥梁阻道，深淘则铺户碍难，远扎则水源又浅"，知县宋家蒸又"亲勘情形，培桥梁、修沟堤，立法淘深"，使民众得利而称道有加。

从乾隆年间开始，市街、八小两堰就因分水问题，连年不断地打官司。清光绪二十六年（公元 1900 年），两堰争水告状到嘉定府，知府雷钟德会同夹江县令申辚到现场查勘后作出决定：在沟的中心用块石砌一长条形堤埂将沟分剖为二，以平分水量，以此平息争水纠纷。诸如争水、抢水而闹出人命的情况，历朝历代时常发生。谨以民国四年（公元 1915 年）腊月，夹江县县政府因水碾用水造成田户受其弊害，引发水事争端，开启诉讼裁决的"拆除水碾、深淘渠堰的告示"佐证。

署夹江县知事刘晓谕事

照得渠堰之设，所以灌溉农田，必须一律深通，上下游方能同食其利。县境沟堰无虑百数十处，以龙头堰溉田为多，堰之上流有湾数道，泥沙淤积，岁须深淘，工费既繁，人民苦之；下流有碾数座，壅水使高，其流不畅。当春夏之季洪流汩汩而来，碾上之田每患水淹；碾下之田每至受旱，上下交病。利民者反以殃民，殊非设堰之本意。

前据田户环请开缺废堰，并历陈痛苦；前来经本知县亲往勘察，所陈弊害俱系实情。泰为民牧，不得不设法补救，合行示谕。为此仰借堰首田户、碾户人等，一体知悉：

自示之后，每当立秋以前，务须以篓盛石堵塞堰口，开放湃缺，使水直下，则上流之淤积自除；中间堪坎七道，每道各低减五寸，则下流之得水自易；所有水碾五道，必须一律撤除，将堰上之沟淘挖深通，使水由地中行，自无被淹之虑。

本知事为多数人民起见，势不顾少数碾户之害，各碾户自有田产，将同享其利益。务须仰体本知事为地方兴利除弊之意，将所有之碾立即撤除，勿以少数而犯众怒。倘谁顾私利不顾公益、藉词延宕、抗不遵行，本知事亦惟有执法以从其后，勿谓言之不预也。各宜懔遵，切切特谕。

右谕通知：

后领押撤毁饬各碾户具结，如来年再图修造，照同罚银叁佰元。

民国四年（公元 1915 年）阴历全月　吉立

这通有关龙头堰上水事纠纷处理的告示，是县知事刘子荣到任伊始的司职作为，相似于当下的水政执法公告，原文抄录自现存于夹江县文管所的"刘功德政碑"。

《告示》通篇不足 500 言，但却开宗明义地阐述了之所以兴办水利的根本意义，掷地有声地指出少数人仅从一己之私出发而罔顾公义，不按公序设置水碾而损害多数人利益的危害所在，义正词严地斥责少部分水事危害制造者的不法行为，旗帜鲜明地下令肇事者画押具结，并在规定期限内自行纠正其损害多数人利益的行为，措辞严厉地警告这些犯众怒者，若延宕不遵晓谕将承担的一切后果。

《告示》的发布者刘子荣，河南信阳人，民国四年（公元1915年）10月至民国五年（公元1916年）5月任夹江县知事。守土一方的他虽为一介书生，但在那个军阀割据的时代，面对地方势力造成的混乱用水秩序，其施政作风关心民瘼，深入实际；执法行为民益起见，本末有度；处罚手段铿锵有力，毫不懈怠。

时至民国三十四年（公元1945年），因王济才等少数办堰人员刚愎自用、假公济私，未经灌区召集全农开会通过，未报县政府水利委员会核准，擅自在石骨坡堰（即龙头堰）所属柏木堰、七小堰、门坎堰、五通堰上修建水碓，造成总干渠等堰渠遭破坏损毁，以致下游进水不足而妨害农业灌溉。灌区农民陶致泉、王祥麟、林铸卿、王玉宣等不避仇怨，以核修水碓妨害农田、协恳查勘撤毁水碓以维护农业、对肇事者依法治罪等由，先后将王济才等少数办堰人员状告到夹江县县政府。

民国三十五年（公元1946年）一月五日，因石骨坡堰（即龙头堰）堰委会未按照《夹江县县政府（建字）第211号训令》及时查复呈

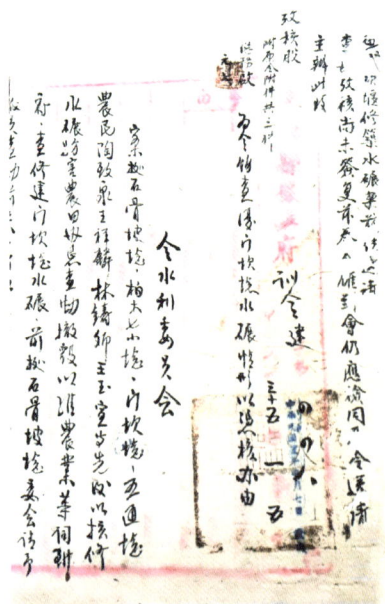

图2-24　1946年夹江县政府的公文
（张致忠 翻拍）

报"王济才等少数办堰人员擅修水碾妨害农田案情"，县长蔡复之签发《夹江县县政府（建字）第448号训令》，令饬夹江县水利委员会查复门坎堰水碾情形，以凭核办，见图2-24。随训令一并抄转灌区农民陶致泉、王祥麟、林铸卿、王玉宣等人所呈三件投诉状。

以下照录：民国三十五年（公元1946年）一月五日，《夹江县县政府（建字）第448号训令》——"为令饬查复门坎堰水碾情形以凭核办由"的公文一件；民国三十四年（公元1945年），石骨坡堰（即龙头堰）所属门坎堰灌区农民陶致泉等14人，以办堰人员在门坎堰进水总口处私设水碾，危害全堰利益的事由，向夹江县县政府投告的关于"为核修水碾妨害农田协恳查勘撤毁以维农业而重民生事情"的诉讼状一件，即原呈三件之第一件。所录文字底本现存于夹江县档案局。

民国三十五年（1946年）一月五日

夹江县县政府（建字）第448号训令

——为令饬查复门坎堰水碾情形以凭核办由

令水利委员会：

案据石骨坡堰、柏木堰、七小堰、门坎堰、五通堰农民陶致泉、王祥麟、林铸卿、王玉宣等，先后以核修水碾妨害农田，协恳查勘撤毁，以维农业等词到府。

查：修建门坎堰水碾，前据石骨坡堰委会请予派员查勘，前来当以《（建字）第211号训令》饬令该会查复；延今日久，未据呈报，殊属不合！

据呈前情，除批示外，合行抄开原呈三件；令仰该会即便将该碾情形切实查明，据报来府，以凭核办。

此令

附抄开原呈三件

县长　蔡复之

为核修水碾妨害农田
协恳查勘撤毁以维农业而重民生事情

石骨坡堰，即旧时龙头堰。有门坎堰一道，坐落东城之侧，为全堰总口，向分二支。一支有水碾堰、杨公堰、王龙堰、罗堰、肖堰、易堰、彭堰、刘堰、火烧堰、星仙堰、张堰，十一道埂，所属农田有四百斛石（编者注：每石合现在12.5亩）；以下由此接水，此更有南山、柏木、姚堰、丁麻、川枧、烈节、七小堰，所属之田亦有三百数十石。其分流一支，则有五通、王沟、李沟、邓沟、黎沟等堰，所属农田有二百数十石。

上列两支各堰所属农田，皆门坎堰总口进水以资灌溉。总口处进水充足，则各堰农田皆受其益；进水总口处苟有阻碍，则各堰农田莫不受其害。其关系之重，不言可知。乃三十四年度（1945年），办堰人员竟不顾全堰利害，敢于私心自用、好大喜功；就门坎堰进水总口处修建水碾一座，将两支进水总口阻塞，以致千斛石农田皆受其害；全堰农民皆咨嗟叹息而莫敢如何！

田户等以全堰生计所关用，特不避嫌怨，谨将其贻害三处，略为钧府陈之：

一、堵水转碾，贻害农田

查：门坎堰系全堰进水总口，其关系之重大已如上述，毋待再赘。自本年修建水碾，在进水总口修筑闸门，将两支堰水堵截三尺以至四五尺之高；不容其率性流下，仅由引水转碾二尺许之水槽导水下流。试思：从前门坎堰堰口有五六尺之宽，其进水尚觉不足；今仅由二尺许之水槽进水，其水量之不足，不能灌通合堰，岂待再言征之？往年各堰皆放水栽插，至今年水碾一修后，各堰堰田皆然安车踩水。不能栽插，致使各堰农民皆预卖新谷，以购水车请工踩水；耗费不赀，犹不免于歉收。其害一也！

二、破坏剖河埂，为害无穷

查：剖河埂为本堰命脉所关。从前，不知讼争若干年，始经前清嘉定雷知府莅县勘踏定案，命于毗卢寺外龙头、永丰两堰之间创修剖河埂一条拦水进沟，而我全堰农民始有一线生机；后经历届堰长林辰民等群策群力，不惜牺牲一切逐年培修，始获今日之成效。自门坎堰修建水碾后，即在该处修筑闸门将水壅高，上至张桥及黄街口，以致剖河埂一带；层层壅遏、堵水怒冲，以致谢潭以上至车台子一带剖河埂冲烂，不堪目观。本年办堰人员，对于此埂不知顾惜，仅于堤之正面拦扎竹篓一尺，以为敷衍。目前，苟图转碾之计，其堤之背面则任水横流乱冲，将堤埂冲烂；几至与永丰堰相平，在永丰堰不劳而获，固属如鱼得水。但我艰难得来之剖河埂一经冲毁，则全堰农民之生机尚堪问乎？此其破坏剖河埂，为害二也！

三、淤塞龙川湾，增重全堰负担

查：龙川湾一带沙沟，向为泥沙填塞丈斛；每届虽深淘宽挖，仍不能尽量疏通所本。下流无阻、沙随水下，不致有重大妨害；今乃在门坎堰进水总口修建水碾，阻水畅流，使泥土沙石不能随水直下；填塞堰沟、愈积愈厚，既以增加修淘费用，更复阻挡堰水之来源。长此填塞淤滞，其为害曷其有极？为害三也！

综上三项，皆门坎堰水碾妨害全堰农田之特征。拟请钧府垂念民生，准予亲临逐处履勘、饬令办堰人员将该碾撤毁、恢复门坎堰原状以重农田，不胜戴德之至。

再：该碾之修，并未呈准钧府与水委会、又未召集全农开会通过，系属少数私人刚愎自用、擅专所为；所有修碾花费及其他损害，全堰农民决不承认。合并声明。

谨呈　县长蔡

石骨坡堰农民：

陶致泉（章）　郑锡南（章）　干尔舟（押）

宋国章（押）　韩全太（押）　干荣清（押）

干东升（章）　韩益山（章）　陶敬斋（押）

冯仕兴（押）　冯静轩（押）　冯玉伦（押）

（二）中华人民共和国成立以后的用水管理

中华人民共和国成立后，夹江县人民政府积极开展农业生产，加强龙头堰等水利工程的用水管理。1950年4月11日发布的《保护渠堰的通告》中要求："凡我县人民应自觉节约用水，解决纠纷。"

1950年11月，夹江县水利委员会成立并组织各堰岁修完毕，工作重点转到灌溉用水管理上。各级组织力量走村入户，宣传上游照顾下游、中间兼顾两头，制止拦沟截闸，处理用水纠纷，同时尽量合理调配各堰水量，起到积极有效的作用。时有民谣为证："旧社会的堰是灾难堰，收去堰粮款，渠道烂不堪；旱洪威胁无人管，天旱难于把秧栽。春时不流水，秋收洪水淹；生产难得好收获，愁吃愁穿是苦海。现在有了共产党，旱洪威胁有人管；生产能得好收获，生活天天要好转。"

1956年3月，中共夹江县委发出紧急指示，要求各区乡做好蓄水、保水、节约用水工作，农业社要普遍推行专人负责、划片包干的管水制度。据此，每个农业社选出一至两名有经验的老农担任放水员，按照实际情况，做到该灌则灌、该晒则晒、合理用水。因一把锄头管水的举措行之有效，故沿用多年。

国民经济发展第二个"五年计划"期间，为了加强堰务管理，充分发挥工程效益，保证工农业用水，促进农田增产，夹江县龙头堰堰委会制订了具体的规章制度。规章制度包括组织机构、工程管理、用水管理、财务管理、灌区各级渠系管理、支渠水量分配、斗渠用水、轮灌日程等8章共23条。1962年4月1日，在中共夹江县委党校召开灌区代表大会，讨论通过《夹江县龙头堰管理规章制度》，报上级批准后，于1962年6月1日开始执行。

1981年，农村实行以户营为主的生产责任制，将农田承包到户，灌溉用水由过去的生产队统一管水变为家家户户管水、多把锄头放水，因此，用水矛盾顿时凸显起来。面对新形势，各级组织为化解矛盾、协调用水，完善总结了许多管水、用水的经验，其中以恢复一把锄头放水的制度为主。在既有自流灌溉，又有抽水灌溉的地方，以村民小组为单位，统一核算水费，按亩分摊到户，以此消除因灌溉水源不同而出现水费负担上的差异。同时明确，水利工程设施仍归集体所有，工程建设则由集体承担，按上级统一规划进行。

2000年以来，东风堰管理处逐步实行与用水户协会合作管理的模式，实现专业部门指导，村（社区）用水户协会负责末级渠道的维护与管理。维护和管理费用由政府投入与民间募资相结合，从资金上保证末级渠系工程维修和改善工作的开展，逐步改善末级渠道工程状况，保证农民用水需求。明确东风堰管理处对灌区内干支渠进行维修养护，剩余斗、农、毛渠由乡镇或用水户协会进行维护和管理。

2003年，针对水管单位缺乏水费征收手段，灌区出现拖欠水费的情况，在甘江镇建立"甘江镇大同村斗渠用水户协会"，开始了用水户参与用水管理和收费的试点。用水户协会成立后，组织农户自主统一管理大同斗渠所涉16个组、891用水户、1377.89亩耕地的灌溉及所辖斗渠、农渠、毛渠的维修管理。

2010年，夹江县政府出台《关于加强水利工程灌区管理工作的意见》。主要精神为：明确管理范围，落实管理责任。东风堰灌区中的灌区枢纽、干支渠由东风堰管理处负责管理维护，其余斗农渠及田间工程由所在乡镇负责管理维护。要求切实加强对灌区管理工作的组织领导，各乡镇年底前应完成灌区用水户协会等管水组织建设，促进灌区群众破除传统用水习惯，积极参与灌区工程维护，自觉服从用水调度和管理。坚持依法治水、科学管水、民主用水，保证灌区各项工作顺利开展。

以此，东风堰灌区按照县政府要求，在灌区乡（镇）、村各级中依据《中华人民共和国社会团体组织法》的规定，订立章程依法成立农民用水户协会。用水户协会是全体用水户通过民主方式组织起来的不以营利为目的的社会团体，其服务宗旨是：以用水户为核心，以"群策群力、团结协作、共同发展"为根本。用水户协会将遵守宪法、法律、法规和国家政策，遵守社会道德风尚，在水利主管部门和地方政府的支持、指导、协调下，依法开展本会业务范围内的工程建设、灌溉管理和经营活动。坚持"谁受益、谁负担"的原则，改善灌溉条件，做到节约用水、科学用水，提高水的利用率，降低灌溉成本，改善农民用水环境。用水户协会接受灌溉机构、水行政机构和民政机构的业务指导和监督管理。

至此，东风堰灌区的用水管理，开创了政府组织与民间组织共同协调运行的新模式。春灌期间，东风堰管理处在灌区分四个片区成立用水协调小组加强调度，提高用水效率，强化服务意识和服务水平，深入灌区协调用水，及时解决春灌中出现的问题，杜绝各自为政的现象发生。各灌溉管理所采取分段落实专人、分村包片形式，密切联系村社，及时反馈用水插秧情况，便于管理处统一调水，使春灌用水工作秩序井然。充分发挥用水户协会对斗渠及以下渠道的管理作用，由协会负责水量分配、管理、协调、调度等事宜。

针对灌区种植物用水需求时间不同且差异较大的情况，为了最大限度消除由于农作物结构不同而导致的供水需求在时间和空间的差距，在灌区提供公平合理、配置有效的供水服务，根据各用水阶段用水需求的不同，制订出科学的调配水计划，灵活调配水量，以满足灌区不同时期的用水需求，如及时调配，采取分期分段灌溉、轮流灌溉，实施错峰用水、划段管理渠道等方式。为此，结合春灌工作，加强东风堰管理处全体职工为灌区服务和依法管水维护工程单位权益的意识，通过对各种水法律法规进行广泛的宣传，让用水户明确权益和义务。强化渠道管理的分级管理原则，提高用水户自觉爱渠护渠的意识，从而在灌区形成自觉保护水利工程、节约用水的良好氛围。

四、资源利用

东风堰依托奔流不息的青衣江，引流滋润着县城东南 71 平方千米的东南平坝。按照龙头河防洪节制闸设计输水能力 12 立方米每秒，除去冬季岁修以 300 天计，每年向下游广袤的沃野送去 3.11 亿立方米活水。在不计亢旱年景向丘区分流提水灌溉 2.10 万亩的情况下，按其 7.67 万亩自流灌溉农田并考虑到复种指数提高，以每亩灌溉极限需水量 1000 立方米计，用水量则仅为 7670 万立方米。因此，富余的 2.34 亿立方米活水，完全有条件利用于包括城乡生态环境补水在内的社会经济发展的其他领域。

古往今来的事实证明，东风堰在确保农业灌溉的不同时期，其富余的水资源得到了充分的利用。

（一）水路运输

毗卢堰所属的市街堰因堰、河功能重叠，即汛期行洪分流、平时引水灌溉，为县城及沿河一带乡村提供了一条畅通青衣江的运输水道。以此上行经龙吼滩通青衣江至洪雅、雅安，下行经甘江河入青衣江达乐山、宜宾。旧时，夹江县城南门口商贾云集，就是依托市街堰为水道的著名水码头。

当年的货运船舶沿着长江上溯至岷江乐山再转青衣江支流甘江河，然后入龙头河到达南门码头。由于市街堰（龙头河）河道狭窄、吃水较浅，故航行于青衣江的大吨位货船需分别在陶渡或盘渡河古码头、千佛岩古码头改由小吨位船只重新装卸货物，方能到达县城南门口码头。相同时期，甘江坝区的杜河坎等诸多大小码头，更是为乡村民众提供了便捷的货物运输途径。后来随着公路、铁路运输的发展，龙头河水路运输功能逐渐消失。

21 世纪以来，县城老南门河畔大兴旧城改造，一些文物爱好者在建设工地发现了许多来自景德镇等地宋、元、明、清及民国时期的瓷片，伴随出土的还有大量锈蚀的古钱币，可见当时南门口码头是何等的繁荣。

（二）水能利用

1. 水动碾房

利用水动力修建水动碾房。民众在水量充沛的市街堰和八小堰上，修建了众多水碾房，无须费力远行，就能吃上可口的水碾米，省去了石臼舂米之劳苦。水碾房兴建运用的条件是不与农田灌溉争水，不得阻碍渠堰输水和淹毁田户庄稼为根本，如违则究。随着社会经济发展，以电力、柴油为动力的打米机具逐渐取代了水碾房。在东风堰渠系上，水碾房完全停运的时间大约在20世纪90年代，至今个别渠道上还能看到一些水碾房遗迹，见图2-25。

图 2-25　20 世纪位于东风堰西干渠上的水碾磨房（张致忠 摄）

2. 水力发电

利用渠道上的水力资源建小微型水力发电站。这一时代背景是：在百废待兴的中华人民共和国成立初期，国家能源极度匮乏的情况下，必须优先保障重大项目用电。因此，地方用电以"小型为主、自办为主，以解决广大农村照明、加工，及地方小型加工工业用电"的办法来解决。建设的基本原则是："利用水头资源、借水还水，灌溉为主、发电为辅、以电养水。"由是，从20世

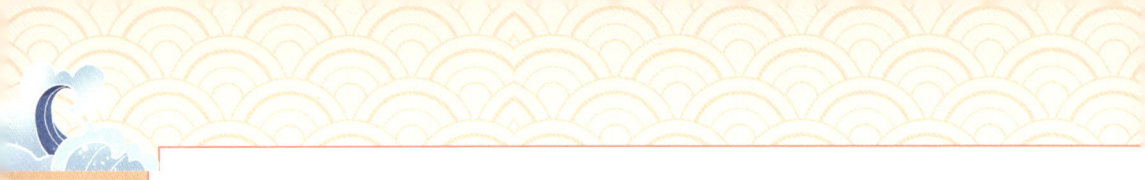

50 年代起，夹江县在山区河流及龙头堰的总干渠和东西干渠上开始兴建小微型水力发电站，它们因应时代所需而兴废。

1957 年春，县长李发昌主持召开在龙头堰上修建水电站的筹建会议，决定利用龙头堰引水落差在"竹庐"修建水力发电站。会后，组建了由县长兼主任委员的夹江县竹庐水电站修建委员会，由江先泽负责机电设备，江国强负责水工建筑，四川省工业厅设计院负责施工图设计，县人委会组织本县能工巧匠和民工队伍施工。

竹庐电站站址位于夹江县城西门外谢滩村境内，因站址系原一江姓富户的别墅——竹庐，故名竹庐电站。电站投资由夹江龙头堰管理处、依凤渠管理处、航运管理站和夹江中学等共筹借 5.05 万元，县财政拨款 2.68 万元，不足部分额外解决。电站来水由西干渠在分水闸处调水入东干渠引水发电，发电后的水通过近百米长的尾水渠还入西干渠。这一借水还水方案，需要对东干渠新桥至张桥约 800 米的渠道加深加宽，当年，结合龙头堰岁修，完成了该段渠道建设任务。

竹庐电站于 1957 年 10 月动工，1958 年 7 月 1 日建成发电。电站当初的设计方案为：水头 2.20 米、流量 4 立方米每秒、装机 48 千瓦、总投资 8 万元。因水轮机由德国人设计、重庆水轮机厂制造，设备的精密度非常高，投产后长期出力达 50 千瓦，后更换发电机组增为 80 千瓦依然安全运转。竹庐电站投产后第一年，就创利 9 万余元收回成本。它是夹江县，也是乐山专区第一座农村微型水电站。1969 年底，木城王山大桥电站（装机 2×400 千瓦）建成投产，当时出现电力供大于求情况，于是决定停运竹庐电站。

竹庐电站建成之后的 40 年里，在东风堰的总干渠和东西干渠上陆续兴建起杨公堰电站、甘江电站、石骨坡电站（扩建后的门坎石电站）、新桥电站、小千佛电站（东风堰水文化陈列馆处）等若干座长藤结瓜式的小微型电站。2018 年，尚在利用东风堰渠道发电运行的只有总干渠上的石骨坡电站和东西干渠分水口的新桥电站，见图 2-26。

图 2-26　东风堰东西干渠枢纽处的新桥电站（张致忠 摄）

（三）水产养殖

利用灌溉余水发展水产养殖业。中华人民共和国成立前，全县渔业养殖主要来自天然水域。1972 年初，东风堰宿槽水库修建亲鱼池、产卵池、水花饲养池和鱼种培育池。5 月，在长江水产研究所和乐山地区水电局水产技术人员的指导下，家鱼人工繁殖获得成功，收鱼卵 200 余万粒，孵化水花鱼苗 100 万余尾。从此，夹江鱼苗自产、自育、自养，极大地促进了全县渔业生产的蓬勃发展。

1974 年以后，在东南平坝的范围内利用东风堰流动余水人工饲养家鱼及名优特种水产品逐渐发展。早期的集约化养鱼场（网箱、流水养鱼场）有：东风堰新桥流水养鱼场、原云吟公社永红大队流水养鱼场、原甘露乡万华河陈明富流水养鱼场、原甘露乡万华河万云辉流水养鱼场等，见图 2-27。

20 世纪 90 年代，随着养殖技术进一步提高，人民群众生产和生活需求的日益旺盛，全县集约化养鱼事业得到空前的发展，先后建成了多个集约化养鱼场和相匹配的鱼饲料厂。利用东风堰

图 2-27　利用东风堰余水进行水产养殖
的永红大队养鱼场工作人员正在捕鱼
（张致忠 摄）

流动余水养鱼的有：原甘露乡万华河上的刘洪兵流水养鱼场、郑春华流水养鱼场；甘江河上的雷安康流水养鱼场、县就业局流水养鱼场、县教育局流水养鱼场、甘江鱼庄、县水电局甘江流水养鱼场、市水产站流水养鱼场、在古流水养鱼场；东风堰总干渠上的千佛岩金属网箱养鱼场等。

随着养殖成本增加、产量过剩，更先进的花、白鲢养殖技术的兴起以及国家对水环境保护的强化监管，到 20 世纪 90 年代后期，以前的养殖技术变成了落后的方式而逐渐进入消退萎缩阶段。

至 2018 年，在东风堰灌区利用东风堰余水人工建池开展生态渔业养殖的有近 1000 亩水面，另有 2000 余亩生态水域利用灌溉余水进行补充。

五、附录：地方志、碑刻等原始文字记载

（一）历史文献汇辑

1. 历史文献对水利官员的记载

（1）张资中大兴水利夹江民食其德

宋详刑[1]张资中大兴水利，洪雅、夹江之间，民食其德。兹历考各志，其所措置，并未详述，亦无碑记可凭。

张方，字义立，资中人。提点刑狱治事嘉定，巡行州县平滞狱、劾贪吏，田里欢然。又开新渠以杀三江之怒涛，自是舟行无患。

——摘录自明万历三十九年（公元 1611 年）《嘉定州志》卷三

资中张方详刑暇日访古……嘉定十五年（公元 1222 年）六月廿五日

——摘录自乐山城北白崖山清风洞摩崖宋碑

（2）陆纶首重民事开二堰溉民田

陆纶，为邑令。首重民事，开"二堰"水利，溉民田数千亩，至今赖之。

——摘录自清康熙《夹江县志》卷二《名宦》，清嘉庆本、民国本《夹江县志》原文照录

陆纶为令，开"二堰"，溉民田数千亩。不知所开何堰，遗泽长存而书缺有间，考古者不无遗憾焉。

——摘录自清嘉庆《夹江县志》卷十二《外纪志·杂录》，民国本《夹江县志》原文照录

陆纶，有传入《名宦》。

陆纶，为邑令，首重民事，新开"二堰"水利，溉民田数千亩，

---

①详刑，宋代没有"详刑"的官职，只有"提刑"（提点刑狱）之职，"详刑"意为周详断狱、用刑审慎。"宋详刑张资中"应为对里贯在资中的官员张方的尊称。查《四川通志》卷七《名宦》：张方是南宋宁宗庆元年间（1195-1200 年）进士。有提点刑狱"盗平民安，造福多矣"的记载。据此，"宋详刑张资中"就是"暇日访古"的提刑官"资中张方"。由是，夹江的水利工程建设有史料记载的历史，可以上溯至 13 世纪的南宋时期。

至今称之。

——摘录自民国本《夹江县志》卷六《秩官志·职官、政绩》

（3）张能麟在夹江均田庐修水利

张能麟，字玉甲，号西山，大兴人，顺治四年（公元1647年）进士。十八年（公元1661年）以礼部侍郎分巡上川南道，时蜀乱甫定，民生未遂。能麟召集流亡，劳农劝俗，均田庐、修水利。见《省志》《府志》，康熙入祀"名宦"。

——摘录自民国本《夹江县志》卷六《秩官志·政绩》

（4）王士魁[①]整合二堰成东南总堰——毗卢堰

王士魁，字大对，三原人。由举人康熙元年（公元1662年）任。

——摘录自清康熙《夹江县志》卷二《名宦》

王士魁，三原举人，康熙元年（公元1662年）知县事，于县北五里筑毗卢堰，至今利赖之。

——摘录自清嘉庆《夹江县志》卷六《秩官志·政绩》，民国本《夹江县志》原文照录

毗卢堰：县北五里，东南总堰也。前人因青衣江支流，原筑有市街、八小二堰，以溉东南田亩。田多水少，不敷灌注。康熙元年（公元1662年），邑令三原王士魁，乃与邑士江滨玉、向逢源等于毗卢寺外支江分流之首，竹笼贮石，截入江心百余丈，拥

---

① 知县王士魁的籍贯三原，位于陕西关中平原中部，今属咸阳市下辖县。毗卢堰今名东风堰。康熙元年（1662年），王士魁主持在龙吼滩扎百丈竹石长笼筑堰引水，利用一段700米长的分岔河道成东南总干渠，于"谢潭"处分流入建于明代中期的市街、八小二堰灌溉县城东南坝区。这段700米长的东南总干渠是东风堰总干渠的起始，因途经毗卢寺外西不远处，康熙二十四年（1685年）后得名毗卢堰。清光绪二十六年（1900年）后上迁堰头至龙脑石附近更名为龙头堰，民国二十年（1931年）后更名为石骨坡堰，1950年又更名为龙头堰，1967年更名为东风堰。

江水入支流，市街、八小二堰，始畅行足用，历数年来而底绩。王令表督工之绩，为滨玉刊"山高水长"四大字，为逢源刊"泽润生民"四大字于千佛岩石壁。后人以其近毗卢寺，因名毗卢堰。

——摘录自民国本《夹江县志》卷四《赋役志·水利》

（5）刘际亨创决新堰民至今思之

刘际亨，字宾虞，正蓝旗人。由荫生康熙三年（公元1664年）任。修城垣、衙舍，创决"新堰"，兴学造士，洁己爱民。行取工部主事，民至今思之。

——摘录自清康熙《夹江县志》卷二《名宦》

刘公堰[①]，新名也，县南十五里。因汉川一乡，原用龙兴堰水利，以地方稍远，水小难周，往往失旱，民多逃者。士人倡议白于县令刘际亨，遂行勘视精密，决意新开。不数月而渠成得播种焉！百姓德之，遂以其姓为名，刻石以记其事。实善政也，故书。

——摘录自清康熙《夹江县志》卷三《水利》

刘际亨，正蓝旗人，由荫生康熙三年（公元1664年）任（知县）。修城垣、衙舍，创决新堰，兴学造士，洁己爱民，行取工部主事。民至今思之，入祀"名宦"。

——摘录自清嘉庆《夹江县志》卷六《秩官志·政绩》

刘公堰，新名也，县南十五里。康熙四年（公元1665年），知县刘际亨以龙兴堰水势稍远，难周灌溉，于五圣祠外开凿大沟，截取乾江河之水，以资灌溉，民利赖之，故以刘公名堰。计分水十沟（宽约六尺深七尺），绵长十六里，至法常寺止，灌汉川乡。

——摘录自清嘉庆《夹江县志》卷四《赋役志·水利》

---

①刘公堰位于"县南十五里"，所灌农田在今漹城镇同甘霖镇接壤之薛村、何村、冯村、张石桥、南山桥、宝华寺一带。

刘际亨，字宾虞，正蓝旗人。由荫生康熙三年（公元1664年）任邑令。时承平之初，修城垣衙舍，创决新堰，兴学造士，洁己爱民，多著惠政。擢工部主事，去后民至今思之。

刘际亨于汉川乡龙兴堰水利，地方稍远、水小难周、田亩遭旱、民多逃亡。士人白县令，刘令勘视精详，决意新开。不数月而渠成，农皆播种、百姓德之，名"刘公堰"。刻石纪事，不忘善政。见李《志》。

——摘录自民国本《夹江县志》卷六《秩官志·政绩》

新堰：初名刘公堰，县南十五里。清康熙四年（公元1665年），知县刘际亨以水源稍远，难周灌溉，即于五圣祠外开凿大沟；截取新开河之水，以资灌溉、民利赖之，故名刘公堰。继以河道变迁，引水不易，于清光绪年间，经知县王运钧另筑堰堤，改由傅坝进水，颇得地势，今称良堰焉。计分十堰（旧宽约六尺，深七尺），流域长十六里，至法常寺止；计田三百石，灌汉川乡。

——摘录自民国本《夹江县志》卷四《赋役志·水利》

（6）宋家蒸以农田水利为民根本

宋家蒸，字芸圃，系江西南昌府奉新县人。同治癸亥（公元1863年）恩科会试进士，光绪四年（公元1878年）委署夹江县。

宋家蒸以农田水利为民根本。邑之烈节堰历年分水不平、酿讼不休，宋故县轻装履勘、悉心酌定，凡旧日失水田亩，概资灌注，年年共庆有秋，讼端永息。又双合堰修治更难，水低堰高、桥梁阻道，深淘则铺户碍难，远扎则水源又浅。及宋故县亲勘情形，培桥梁、修沟堤、立法淘深，而居民得利至今称便。入祀"名宦"。

——摘录自民国本《夹江县志》卷六《秩官·政绩》

（7）胡疆容凿洞筑堤打通穿山堰

胡疆容，字海周，宜宾县人。民国十九年（公元1930年）前六月到任。县属八小堰水低堰高、难资灌溉，县人屡议开穿山堰未果。胡由石骨坡凿洞筑堤，接取青衣江上游之水，五月成功，遂名曰"胡公堰"。开堰始末，惠灵庵竖有石碑详纪其事。

——摘录自民国本《夹江县志》卷六《秩官志·政绩》

龙头堰：原名八小堰，旧由毗卢堰谢潭分流，绕城北而东。清初即与永丰堰共沟分水，继以两堰争水兴讼，连年不息。清光绪二十六年（公元1900年），经嘉定府知府雷钟德同县令申辚亲勘，于沟中扎长石埂，令水平分，讼由是息。兹于民国十九年（公元1930年），田户等以堰高水低，接水不易，灌溉维艰，始议于石骨坡另辟堰头，截取青衣江水，作沟至千佛岩，凿山开洞，引水入旧有堰沟。水量丰足，甲于他堰。该堰田户，实利赖之。惟每间里许，筑石闸一道，堰身约宽一丈四尺，深七尺，壅水上田。分金带小沟一道，正堰十道，流域长十七里，至师坝止，计田六百余石，灌永丰、辛仙二乡。

龙头堰今名胡公堰，由民国十九年（公元1930年）胡前县长疆容俯顺田户之决议，测量计划，派款兴工；自兼堰工事务所正所长，督同副所长朱光藻暨各段段长、各堰长、沟长等，协心赞助，共告成功。修辟始末，惠灵庵竖有石碑详记其事。开堰祝文附载《艺文》。

——摘录自民国本《夹江县志》卷四《赋役志·水利》

2. 县志、碑刻关于水利方面的记载

（1）清康熙二十四年（公元1685年）修纂《夹江县志》卷三《水利》部分

夹邑有"三大堰""八小堰"之名，同出青衣江水分灌溉焉。外此，山渠溪涧，亦多资之。而最苦难者，莫过于正堰；江流急而下，堰水缓而高；必于大江中流编篓截之，复尽一邑之人；每岁早春时，极力疏治，俾阔而深，乃得有济。惟在为上者，时勤踏勘（青衣江）、儆戒疏佣，使豪滑者不致漏役，则工多得以易成，是不可不察也！

市街堰，县南一里，分流灌在古乡。

永通堰，县南三里，分流灌永丰乡。

龙兴堰，南十里，分流灌汉川乡。

八小堰，同一沟也。每一里许筑土为闸，涌水上田，绕东城而下，灌兴平、新仙等乡。

凿箕堰，西北五里，于大江分流，绕化山而下，灌永兴乡。

廖家堰，县北山溪也，灌北郊云吟坝。

大堰溪，县西二十里，亦小山溪也，灌南安坝。

刘公堰，新名也，县南十五里。因汉川一乡，原用龙兴堰水利，以地方稍远，水小难周，往往失旱，民多逃者。士人倡议白于县令刘际亨，遂行勘视精密，决意新开。不数月而渠成得播种焉！百姓德之，遂以其姓为名，刻石以记其事。实善政也，故书。

（2）清嘉庆十八年（公元1813年）修纂《夹江县志》卷四《水利》部分

毗卢堰：县北五里，东南总堰也！前人因青衣江支流原筑有市街、八小二堰，以溉东南田亩。田多水少，不敷灌注。康熙元年（公元1662年），邑令三原王士魁，乃与邑士江滨玉、向逢源等于毗卢寺外支江分流，之首竹笼贮石，截入江心百余丈，拥江水入支流。市街、八小二堰，始畅行足用，历数年来而底绩。王令表督工之绩，为滨玉刊"山高水长"四大字，为逢源刊"泽润生民"四大字于千佛岩石壁。后人以其近毗卢寺，因名毗卢堰。至今二堰农民分年承办修理，清明日，县令必亲祭焉。

市街堰：县南一里，由毗卢堰谢潭分流，绕城西而南至迎恩桥双洞（每洞高四尺四寸，宽三尺，长二丈五尺），下流每一二里许筑土为闸（堰身宽约一丈四尺，深七尺），涌水上田。计小堰九道，绵长十五里，至狮子桥止。灌在古、永丰二乡。

大罗堰（首堰县南，坐落黄孝友坊）、佳堰子（县南，坐落太平桥）、杨小堰（县南，坐朱家村，系平分佳堰子水，以车机石为闸）、王高堰（县南，坐落肖庵子）、曾堰（县南，坐雷古祠）、刘冯堰（县南，坐落李家村）、王堰（县南，坐落大石桥）、沈堰（县南，坐落江家村）、普沱堰（县南，坐江家坎，自刘堰上湃阙洞取水，又接取各堰余水）。

八小堰同一沟也！县东，由毗卢堰谢潭分流，绕城北而东。每一里许筑土为闸（堰身约宽一丈四尺，深七尺），壅水上田，分金带小沟一道。其外，正堰十道，绵长十七里至师坝止，灌永丰、辛仙二乡。

门坎堰（首堰县东，坐落城碥）、水碾堰（县东，坐城碥）、杨公堰（县东，坐磨子石）、王龙堰（县东，坐谢家村）、小罗堰（县南，坐石庙子）、易堰（县南，坐易堰坎）、刘堰（县南，坐刘石桥）、彭堰（县南，坐张家村，余水败入柏木堰）、火烧堰（县南，坐刘家桥）、张堰（县南，坐张石桥）。

永通堰：县南三里，旧接市街堰余水，乾隆初年，土人另截青衣江新开河之水，筑土为闸。遂与市街堰不同河道，今现分流小沟八道（宽约六尺深七尺），绵长十四里，至汪家坎止，灌永丰、汉川二乡。

龙兴堰：县南十里，旧用横堰子水。乾隆初年，土人截取青衣江金银河之水，筑土为闸，分流小沟六道（宽约六尺，深七尺），绵长十七里，至安西庙止，灌永丰、汉川二乡。

刘公堰：新名也，县南十五里。康熙四年（公元 1665 年），知县刘际亨以龙兴堰水势稍远，难周灌溉，于五圣祠外开凿大沟，截取乾江河之水，以资灌溉，民利赖之，故以刘公名堰。计分水十沟（宽约六尺，深七尺），绵长十六里，至法常寺止，灌汉川乡。

双合堰：县南二十里，截取乾江河及丁麻堰余水，故以双合名堰。乾隆四十三年（公元 1778 年），士人编篓成闸壅水上田，分水六沟，绵长十里，至石笋沱止，灌在古乡。

以上各堰皆系截取青衣江江东分流之水。

凿箕堰：西北五里，明万历十七年（公元 1589 年）县令（佚名）于化山下堰取青衣江之水，每三四里砌石为闸（宽约九尺深六尺），计石堰九道，绵长二十里，至观榜山止，灌永兴、汉川二乡。

石板堰（首堰县西，坐落游冲口）、坛罐堰（县西，坐石家村）、白家堰（县西，坐白家村）、张堰（县西，坐张村）、八尺堰（县西，坐八尺口）、王家堰（县西，坐永兴坝）、瓦宰堰（县西，坐严家村）、元坛堰（县西，坐李家村）、骆家堰（县西，坐骆家村）。

以上系截取青衣江江西经流之水。

开凿箕堰碑刊立正觉寺内，序载邑侯林，未纪其名。今查前明职官并无明征，故阙之。

廖家堰：县北八里，接取云吟山溪水，贮石为闸（宽约八尺，深六尺）涌水灌田，分流小沟九道，绵长十八里，至徐堰止，灌辛仙乡。

廖家堰（首堰县北，坐云吟坝）、杨堰（县北，坐杨坝）、龙洞堰（县北，坐姚桥坝，接金带沟余水）、凿拨堰（县东，坐郑板桥）、郑堰（县东，坐周坝）、彭堰（县东，坐彭坝）、杨柳堰（县东，坐宽心坝）、蒲堰（县东，坐白马庙，余水败入姚堰）、徐家堰（县东南，坐徐家坝）。

以上系云吟山溪流之水。

大堰溪：县北二十五里，贮石为闸，涌水灌田，分流小堰四道（宽约六尺，深五尺），绵长八九里，至邓家村止，灌南安乡。

大堰溪（首堰县北，坐太平山脚）、车家堰（县北，坐大明寺）、小堰子（县北，坐戴家塝）、板桥堰（县北，坐郑家祠）。

以上系南安乡山溪溪水。

带河堰：县东二十三里，坐谢家碥，截取蟠龙河水，贮石为闸，壅水灌田，下皆顺河各自成堰，共堰八道，惟椒子堰分有小堰十一道，余无分堰，绵长三十里，至鞠村下坝止，灌辛仙乡。

白土堰（县东，坐汪家坝）、剩工堰（县东，坐茶坊）、梅塝堰（县东，坐板桥铺）、刘堰（县东，坐刘埠）、马堰（县东，坐马家坝）。

椒子堰（县东，分支灌姚堰，坐石柱坝），三根堰（县南，坐王村）、水碾堰（县南，坐笤石桥）、宿堰（县东南，坐宿坝）、柏木堰（县南接椒子堰，并接彭堰余水，坐古贤坝）、张堰（县东，坐石柱祠）、土堰子（县东，坐白家村）、南山堰（县南，坐雷家村）、丁麻堰（县南，坐踏水桥）、姚堰（县南，坐姚桥，接椒子堰，并接蒲堰余水）、川简堰（县南，坐宝华寺）、徐堰（县南，坐狮子桥）、烈节堰（县东南二十里，坐两河口）。

以上各堰系截取蟠龙河之水。

又县东山溪小堰十一道，灌辛仙乡：贾家堰（坐陈窑埂）、白支堰（坐板桥铺）、刘家堰（坐长冲口）、汪家堰（坐马家坝）、郑家堰（坐郑家坝）、石家堰（坐石高山）、二道堰（坐方家桥）、三道堰（坐李家厦）、周家堰（坐堰时庙）、谢家堰（坐谢家坝）、龙神堰（坐罗溪坝）。

又县南小堰五道灌在古、汉川二乡：板堰子（坐严家村）、朱家堰（坐仪凤阁）、干张堰（坐长草坝）、鸡鸣堰（截江取水，筒车灌田，坐干家渡）、双河堰（坐三个洞）。

又县西山溪小堰二道，灌永兴乡：唐家堰（坐唐家罐）、凤山堰（坐凤山桥）。

又县北山溪小堰四道，灌南安乡：七星堰（坐十面渡）、回龙堰（坐张家村）、张堰（坐张村）、堰冲口（坐谷家坝）。

以上俱系四路山溪小堰。

县东坡塘十道灌辛仙乡：梁家塘（坐梁坪）、赵家塘（坐赵坪）、王家塘（坐易高山）、郑家塘（坐邓庙子）、萧家塘（坐萧家坪）、杨家塘（坐廖家厦）、胡大塘（坐胡家坪）、郑大塘（坐白云寺）、李家塘（坐李坪）、大堰塘（坐坛罐窑）。

县南坡塘一道，灌永丰、汉川乡：吴大塘（坐吴沟）。

县西坡塘一道，灌永兴乡：海塘池（坐长冲口）。

县北坡塘一道，灌南安乡：大堰塘（坐郑家村）。

邑中大小堰塘，皆系农民自筑，田无定亩，故难悉载。

（3）清道光二十八年（公元 1848 年）订立《公议砌扎大堰九堰条规》[1]

扎堰，各堰堰长堰期会同，务要亲身办买竹木，雇工修扎，不得置身事外，串通包揽。如有仍按前撤议规包扎及溢派等弊，

---

[1] 此碑文为石刻碑记，碑宽 0.72 米，通高 1.42 米，净高 1.33 米。发现时，是为沔城镇古村村民晏永国家里的一个石缸底板，2003 年运回东风堰管理处内存放，现置于东风堰水文化陈列馆。

九堰之人誓不出钱，并将值年堰长公同议罚。（内容详见前文）

（4）民国四年（公元 1915 年）县知事刘子荣：《拆除水碾、深淘渠堰的告示[①]》

署夹江县知事刘[②]晓谕事：

照得渠堰之设，所以灌溉农田，必须一律深通，上下游方能同食其利。县境沟堰无虑百数十处，以龙头堰溉田为多。堰之上游有湾数道，泥沙淤积，岁须深淘，工费既繁，人民苦之；下流有碾数座，壅水使高，其流不畅。当春夏之季洪流汩汩而来，碾上之田每患水淹；碾下之田每至受旱，上下交病。利民者反以殃民，殊非设堰之本意。（内容详见前文）

（5）民国二十四年（公元 1935 年）修纂《夹江县志》卷四《水利》部分

毗卢堰：县北五里，东南总堰也。前人因青衣江支流，原筑有市街、八小二堰，以溉东南田亩。田多水少，不敷灌注。康熙元年（公元 1662 年），邑令三原王士魁，乃与邑士江滨玉、向逢源等于毗卢寺外支江分流之首，竹笼贮石，截入江心百余丈，拥江水入支流，市街、八小二堰，始畅行足用，历数年来而底绩。王令表督工之绩，为滨玉刊"山高水长"四大字，为逢源刊"泽润生民"四大字于千佛岩石壁。后人以其近毗卢寺，因名毗卢堰。至今二堰农民，分年承办修理，清明日县令必亲祭焉。

永丰堰：旧名市街堰，由毗卢寺外截江分流，经谢潭绕城西

---

①此文原碑名《刘公德政碑》，此碑现存县文管所，据碑文抄录转印收入本书时另拟标题。

②县知事刘名叫刘子荣，河南信阳人，民国四年（1915 年）10 月到夹江上任，在任半年左右。

至南关外半里许，复以石截扎，引水入沟；于迎恩桥建筑洞口二，每洞高四尺四寸，宽三尺，长二丈五尺，用杀水势，俾免巨浸之虞。自洞口下流，每一二里许，筑石为闸，堰身宽约一丈四尺，深七尺，涌水上田。计小堰九道，流域长十五里，至狮子桥止，计田四百余石，灌在古、永丰二乡。

大罗堰：首堰，县南，坐落黄孝友坊；佳堰子，县南，坐落太平桥；杨小堰，县南，坐朱家村，系平分佳堰子水，以车机石为闸；王高堰，县南，坐落肖庵子；曾堰，县南，坐留古祠；刘冯堰，县南，坐李家村；江王堰，县南，坐大石桥；江沈堰，县南，坐落江家村；普沱堰，县南，坐江家坎，自刘堰上湃阙洞取水，又接取各堰余水。

龙头堰：原名八小堰，旧由毗卢堰谢潭分流，绕城北而东。清初即与永丰堰共沟分水，继以两堰争水兴讼，连年不息。清光绪二十六年（公元 1900 年），经嘉定府知府雷钟德同县令申辚亲勘，于沟中扎长石埂，令水平分，讼由是息。兹于民国十九年（公元 1930 年），田户等以堰高水低，接水不易，灌溉维艰，始议于石骨坡另辟堰头，截取青衣江水，作沟至千佛岩，凿山开洞，引水入旧有堰沟。水量丰足，甲于他堰。该堰田户，实利赖之。惟每间里许，筑石闸一道，堰身约宽一丈四尺，深七尺，壅水上田。分金带小沟一道，正堰十道，流域长十七里，至师坝止，计田六百余石，灌永丰、辛仙二乡。

门坎堰：首堰，县东，坐落城碾；水碾堰，县东，坐城碾；杨公堰，县东，坐磨子石；王龙堰，县东，坐谢家村；罗堰，县南，坐石庙子；易堰，县南，坐易堰坎；刘堰，县南，坐刘石桥；彭堰，县南，坐张家村，余水败入柏木堰；火烧堰，县南，坐刘家桥；张堰，县南，坐张石桥。

龙头堰今名胡公堰，由民国十九年（公元 1930 年）胡前县长疆容俯顺田户之决议，测量计划，派款兴工；自兼堰工事务所正所长，督同副所长朱光藻暨各段段长、各堰长、沟长等，协心赞助，共告成功。修辟始末，惠灵庵竖有石碑详记其事。开堰祝文，附载《艺文》。

永通堰：在县南三里许，旧与毗卢堰同源，由南门河扎堤截水进堰，杨柳漕其故道也，初名"横堰子"。清乾隆初年，旱干异常，无水灌溉。堰长吴怀庸等，以姜滩水势甚旺，较易成功，乃集田户等于五月二十七日夜，燃香表道，窃挖金银河；适雷雨交作，连日大水冲刷沿河民地，遂成新开河。地主张鼎新等联名控究，堰长吴怀庸等即瘐死于狱。嗣复上控，沐大宪批谕，谓虽人力所致，实天意也；饬史丈量地亩，认价承粮，始名永通堰。计分小沟八道（旧宽约六尺，深七尺）：滥沟子、懒堰沟、谢小沟、余草沟、毛沟、双齐沟、吴沟、枧槽沟，流域长十四里，至汪家坎止；计田三百余石，灌永丰、汉川二乡。

龙兴堰：县南十里，旧仍与毗卢堰同源，截取县城河水，易漕其故道也。因与永通堰关系綦切，故改由姜滩金银河进水；筑石为闸，分流小堰六道（旧宽约六尺，深七尺）：车堰、琉璃堰、夏堰、徐堰、尹堰、傅堰。堰规井然，水源尤足，流域长十七里至安西庙止；计田三百余石，灌永丰、汉川二乡。

新堰：初名刘公堰，县南十五里。清康熙四年（公元 1665 年），知县刘际亨以水源稍远，难周灌溉，即于五圣祠外开凿大沟；截取新开河之水，以资灌溉、民利赖之，故名刘公堰。继以河道变迁，引水不易，于清光绪年间，经知县王运钧另筑堰堤，改由傅坝进水，颇得地势，今称良堰焉。计分十堰（旧宽约六尺，深七尺），流域长十六里，至法常寺止；计田三百石，灌汉川乡。

双合堰：县南二十里，截取徐麻堰、乾江河水，故以双合名堰。但逐年堰首均用竹篓盛石作堤，水多浸漏。民国十九年（公元1930年），经曾前县长曾习传勘明，饬令以石作堤，水无浸漏，水量始足。分水六沟，流域长十里，至石笋沱止，计田二百余石，灌在古乡。

鸡鸣堰：县南八里，旧志列县南小堰内。该堰实于干坝截取江水，计分上中下三沟，均用筒车取水；流域长十余里，灌田三百余石。

以上各堰，皆截取青衣江江东分流之水。

李《志》原载三大堰、八小堰同取青衣江水，分流灌溉县南市街、永通、龙兴，今仍著名。惟八小堰，继改龙头堰，今改胡公堰，又有称石骨坡新堰者，该堰水势，实较从前畅旺焉。

凿箕堰：县西北五里。明万历十七年（公元1589年），县令林（佚名）于化山下，傍山开沟，作堤截水；分上下两堰，上堰至两河口止，下堰至沙桥止。每三四里，砌石为闸（旧宽约九尺，深六尺），计分堰九道；流域长二十里，至观榜山止，灌永兴，汉川二乡。

石板堰：首堰，县西，坐落游冲口；坛罐堰，县西，坐石家村；白家堰，县西，坐白家村；张堰，县西，坐张村；八尺堰，县西，坐八尺口；王家堰，县西，坐永兴坝；瓦宰堰，县西，坐严家村；元坛堰，县西，坐李家村；骆家堰，县西，坐骆家村。

据访稿，石板堰，坛罐堰为上堰；张堰、罗堰子至八字口，分横沟至萧堰、王堰；又分小沟至李堰、元坛堰为下堰。计田八百余石，旧载堰九道，今计堰八道，名与前殊，并志之。

以上截取青衣江江西分流之水。

开凿箕堰碑，刊立正觉寺内，序载邑侯林未纪其名。今查前明职官并无明征，故阙之。

廖家堰：县北八里，接取云吟山溪水；贮石为闸，旧宽约八尺，深六尺，涌水灌田；分流小沟九道，流域长十八里，至徐堰止，灌辛仙乡。

廖家堰：首堰，县北，坐云吟坝；杨堰，县北，坐杨坝；龙洞堰，县北，坐姚桥坝接金带沟余水；凿拨堰，县东，坐郑板桥；郑堰，县东，坐周坝；彭堰，县东，坐彭坝；杨柳堰，县东，坐宽心坝；蒲堰，县东，坐白马庙，余水败入姚堰；徐家堰，县东南，坐徐家坝。

以上系云吟山溪流之水。

淡堰溪：县北二十五里，贮石为闸，涌水灌田；分流小堰四道，宽约六尺，深五尺；流域长八九里，至邓家村止，灌南安乡。

淡堰溪：首堰，县北，坐太年山脚；车家堰，县北，坐大明寺；小堰子，县北，坐戴家塝；板桥堰，县北，坐郑家祠。

绿荫沱，县北，自猫儿岗山下曲流至郑村止。

以上系南安乡山溪溪水。

带河堰：县东二十三里，坐谢家碥，截取马村河水，逐年修扎，壅水灌田。清末经周占魁等按亩抽捐，改修石堰，今仍坚固，田户获益。下皆顺河，各自成堰，共堰八道，计田约六百石；分流至椒子堰，流域长三十里，至鞠村下坝止，灌辛仙乡。旧志取蟠龙河水。

白土堰：县东，坐落汪家坝；剩工堰，县东，坐落茶坊；梅塝堰，县东，坐板桥铺；刘堰，县东，坐刘埠；马堰，县东，坐马家坝；

张堰，县东，坐石柱祠；土堰子，县东，坐白家村。

据访稿云：回觉堰，就蒙梓沟溪流作堰；自回觉庵上面起，至倒石桥与带河堰下游止，计灌田二百余石；水势畅旺，遇旱均能栽插，人称膏腴焉。

椒子堰：县东十余里，坐石柱坝，截取蟠龙河水；分堰六道，流域长二十余里，灌田一千余石。

三根堰：县东，坐王村；水碾堰，县南，坐岔石桥；宿堰，县南，坐宿坝；柏木堰，县南，并接彭堰余水，坐古贤坝；南山堰，县南，坐雷村；丁麻堰，县南，坐踏水桥。

烈节堰：县南二十里，坐两河口，截取蟠龙河水，灌田一百余石。

姚堰：县南，坐姚桥，接椒子堰，并接蒲堰余水；川简堰，县南，坐宝华寺；徐堰，县南，坐狮子桥。

以上各堰系截取蟠龙河之水。

又县东山溪小堰十一道灌辛仙乡。

贾家堰，坐陈窑埂；白支堰，坐板桥铺；刘家堰，坐长冲口；汪家堰，坐马家坝；郑家堰，坐郑家坝；石家堰，坐石高山；二道堰，坐方家桥；三道堰，坐李家；周家堰，坐堰时庙；谢家堰，坐谢家坝；龙神堰，坐铁炉沟。

据访稿增入山溪小堰四道：黄葛堰、双合堰，俱县东马冲口；七贤堰、画眉堰，县东复兴场后。

又县南小堰四道，灌在古、汉川二乡。

板堰子，坐严家村；朱家堰，坐仪凤阁；干张堰，坐长草坝；双河堰，坐三个洞。

又县西山溪小堰二道，灌永兴乡。

唐家堰，坐唐家罐；凤山堰，坐凤山桥。

又县北山溪小堰四道，灌南安乡。

七星堰，坐石面渡；回龙堰，坐张家村；张堰，坐张村；堰冲口，坐谷家坝。

据访稿增入山溪小堰三道：酒市坝堰、红岩堰、土主堰，俱坐南安乡。

以上俱系四路山溪小堰。

县东坡塘十道灌辛仙乡：

梁家塘，坐梁坪；赵家塘，坐赵坪；王家塘，坐易高山；郑家塘，坐邓庙子；萧家塘，坐萧家坪；杨家塘，坐廖家碥；胡大塘，坐胡家坪；郑大塘，坐白云寺；李家塘，坐李坪；大堰塘，坐坛罐窑；雷塘。

县南坡塘一道灌永丰、汉川乡：吴大塘，坐吴沟。县西坡塘一道灌永兴乡：海塘池，坐长冲口。县北坡塘二道灌南安乡：大堰塘，坐郑家村，亦名白鹤塘。

邑中大小堰塘，皆系农民自筑，田无定亩，故难悉载。

（6）民国二十四年（公元 1935 年）县长胡疆容的《石骨坡①开堰祝文》，见图 2-28。

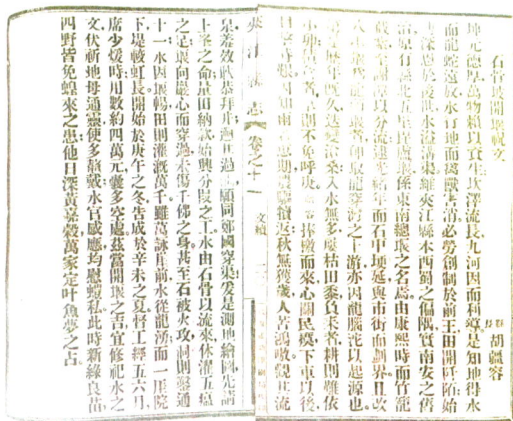

图 2-28 《石骨坡开堰祝文》的原始文字记载（张致忠 翻拍）

---

①石骨坡在千佛岩以西近 4 千米处的青衣江边，迎江乡辖地。因 1930 年将龙头堰堰头上迁至此，故官方将龙头堰更名为石骨坡堰。

坤元德厚，万物赖以资生；坎泽流长，九河因而利导。是知地得水而龙蛇远放，水行地而禽兽害消。必劳创制于前王，田开阡陌，始溥深恩于后世，水溢沟渠。（内容详见前文）

（二）现代文献选录

1. 上级来文

乐山市人民政府
关于市水电局理顺中型水利工程管理体制的批复

乐府函〔2000〕108号

市水电局：

你局报来的《关于理顺中型水利工程管理体制的请示》收悉。市政府同意你局将东风堰、高中水库上收市水电局直接管理；跃进渠、沫江堰维持现行的管理体制不变；其余中型水利工程委托有关区、市、县代管，并与之签订代管委托书，明确责、权、利。委托实施从2001年1月1日起执行。

此复。

乐山市人民政府
2000年9月26日

☆

乐山市机构编制委员会办公室关于
夹江县东风堰管理处、市中区高中水库管理处上交
市水电局直接管理后有关问题的批复

乐编办〔2000〕56号

乐山市水电局：

你局乐水发〔2000〕60号"关于核定东风堰、高中水库机构人员编制的报告"悉。根据四川省水利电力厅、四川省机构编制

委员会办公室川水发〔2000〕10 号文件精神，市政府以乐府函〔2000〕108 号函批复将夹江县东风堰管理处、市中区高中水库管理处上交市水电局直接管理。为理顺我市水利工程管理体制，经市编办研究，对有关问题明确如下：

一、夹江县东风堰管理处上交市水电局直接管理后为乐山市东风堰管理处。市中区高中水库管理处上交市水电局直接管理后为乐山市高中水库管理处。

二、核定乐山市东风堰管理处事业编制 114 名。其中处长 1 名（正科），副处长 3 名（副科），业务人员 110 名。核定乐山市高中水库管理处事业编制 35 名，其中处长 1 名（正科），副处长 2 名（副科），业务人员 32 名。

三、两管理处上交市直接管理后，经费仍然实行核定收支，经费自筹的预算管理办法。

四、管理处内设机构设置，由各管理处报市水电局审批，并报市编委办备案。

五、人事关系仍按现行人事管理体制办理。

乐山市编委办

2000 年 11 月 25 日

☆

乐山市人民政府办公厅
关于成立东风堰灌区管理委员会的通知
乐府办函〔2001〕13号

夹江县人民政府、市水电局：

为进一步理顺管理体制，加强对东风堰灌区水利灌溉工作的管理，经市政府同意，成立乐山市东风堰灌区管理委员会，现将成员名单通知如下：

主　任：袁华清　市水电局副局长

副主任：余贵华　夹江县人民政府副县长

　　　　杨志宏　夹江县水电局局长

　　　　黄明容　乐山市东风堰管理处处长

成　员：马　杰　市水电局水利处处长

　　　　杨文武　夹江县漹城镇镇长

　　　　鲁天华　夹江县甘霖乡乡长

　　　　李方全　夹江县甘江镇镇长

　　　　王明前　夹江县黄土镇镇长

乐山市人民政府

2001 年 5 月 27 日

☆

乐山市水利局关于成立乐山市青衣江流域管理局的通知

乐水发〔2001〕90 号

经市政府 8 月 17 日讨论议定，市编委会研究，以乐编发〔2001〕13 号文批复，同意成立乐山市青衣江流域管理局。乐山市青衣江流域管理局既是乐山市青衣江流域管理委员会的办事机构，又是乐山市水利局的直属事业单位……

乐山市青衣江流域管理局主要负责乐山市跃进渠、东风堰、引青济岷管理处、市中区牛头堰、江公堰、峨眉山市符汶河、龙门堰、夹江木城泵站灌区及流域内水资源科学利用和水利工程建设、管理。其职责：

1.搞好流域及灌区的水资源开发、利用、保护规划、科学合理用好水源。

2. 严格用水管理，做好水量分配和用水协调，实行计划用水。

3. 组织协调区域内水利工程更新改造，续建配套和灌区发展。

4. 组织搞好工程管理，维护养护，保持工程设备完好，确保工程设施正常运行。

5. 组织落实灌区内农业生产用水和工业、城镇供水。

6. 组织好所属单位的生产经营，收好水费、电费、负责国有资产管理，做到保值、增值。

7. 负责业务培训、推广运用新技术。

乐山市青衣江流域管理局的成立，不影响所属单位的现行管理体制。

特此通知

乐山市水利局

2001 年 11 月 13 日

☆

四川省水利厅
关于乐山市水利局请求将乐山市青衣江流域管理
局核定为大型工程管理单位的批复

川水农水〔2002〕580号

乐山市水利局：

你局《关于将乐山市青衣江流域管理局核定为大型工程单位的请示》（乐水〔2002〕68 号）收悉。经研究批复如下：

一、根据国家对水利工程等级划分标准和水利部颁发的《灌区管理暂行办法》等有关规定，在青衣江流域乐山段干流取水的水利工程有 9 处，设计灌溉面积 35.26 万亩，有效灌溉面积 30.18 万亩，达到了国家规定的大型水利工程灌区标准。为了加强灌区内水资源科学合理利用、水利工程建设和管理等，经研究同意成立"乐山市青衣江灌区管理局"（和乐山市编委以川乐编发〔2001〕13 号文批准成立的"乐山市青衣江流域管理局"一套人马与两个牌子）并核定为大（三）型水利工程管理单位，统一管理以上 9 处水利工程。

二、根据国家对"大型水利工程由省水行政主管部门管理或其委托的市（州）水行政主管部门管理"的规定，乐山市青衣江灌区管理局现暂由乐山市水利局直接管理，待各项工作逐渐完善后由省管理或委托乐山市水利局代管。

三、乐山市青衣江灌区管理局成立后，按照新机构、新目标、工作新思路的要求，尽快理顺外部关系，深化内部改革，完善服务职能，加大水费改革力度，适应市场经济和农业生产结构调整要求，积极推行灌区群众参与的民主管理制度，为促进灌区农业增产和当地经济发展做出贡献。

四川省水利厅

2002 年 9 月 5 日

☆

乐山市机构编制委员会办公室、乐山市水利局

关于乐山市跃进渠、东风堰管理处更名的通知

乐编办〔2004〕3 号

乐山市跃进渠、东风堰管理处：

根据省编委《关于乐山市青衣江流域管理局更名及重新确认

机构编制的批复》（川编发〔2003〕84号），乐山市青衣江流域管理局已更名为"四川省青衣江乐山灌区（流域）管理局"。现将该局下属乐山市跃进渠管理处、乐山市东风堰管理处更名为四川省青衣江乐山灌区（流域）跃进渠管理处、四川省青衣江乐山灌区（流域）东风堰管理处。

特此通知

乐山市机构编制委员会

乐山市水利局

2004 年 3 月 18 日

乐山市水利局
关于乐山市沫江堰、跃进渠、东风堰、
高中水库管理处内设机构的批复

乐水发〔2008〕16号

乐山市沫江堰、跃进渠、东风堰、高中水库管理处：

根据乐山市政府《关于沫江堰水利工程管理体制改革方案的决定》（乐府定〔2006〕102号）和《关于跃进渠、东风堰、高中水库管理处水利工程管理体制改革方案的决定》（乐府定〔2007〕20号）文的精神，结合各工程管理单位内设机构的实际，经市水利局党组研究同意：

东风堰管理处：内设一室、三股、五个管理站。即：办公室、财务股、工灌股、水政股、沔城灌区管理站、甘江灌区管理站、甘霖灌区管理站、黄土灌区管理站、三皇庙管理站。

其余管理处略

乐山市水利局

2008 年 1 月 18 日

2. 本地行文

夹江县人民政府

关于加强水利工程灌区管理工作的意见

夹府发〔2010〕16 号

各乡、镇人民政府，县级有关部门，有关水利工程管理单位：

为加强水利工程灌区管理，充分发挥水利工程防灾减灾效益，保障粮食安全，为全县农业发展提供可靠的水资源保障，根据国务院办公厅《转发发展改革委等部门关于建立农田水利建设新机制意见的通知》（国办发〔2005〕50 号）、市政府《关于加强水利工程灌区管理工作的意见》（乐府发〔2010〕11 号）等文件精神和《四川省水利工程管理条例》，结合我县实际，提出如下意见。

新中国成立后，全县人民在各级党委、政府的领导下，因地制宜，大搞水利建设，经过几十年治水，形成了一定规模的供水抗灾体系，为农业生产和农村经济发展提供了基础保障。全县建成水库 36 座〔其中小（1）型 7 座，小（2）型 29 座〕，引水渠堰灌区 58 个（其中中型灌区 2 个），干支渠 207.6 千米，斗农渠 1079 千米，山坪塘 1097 口，水利设施蓄引提水能力达 4.7 亿立方米，设计灌溉面积 25.3 万亩，有效灌溉面积 18.5 万亩。但是，灌区发展仍面临一些突出问题：一是灌溉工程严重老化失修，运行保证率低，停水时段增多；二是有效灌面配套率差，灌溉水利用系数低；三是灌区管理体制改革滞后，特别是农村税费改革、农业水费停征后部分水利工程管理主体不明确、责权利不清，末级渠系运行机制不畅，维修改造经费尤其缺乏；四是灌溉技术落后，农业用水浪费严重。这些问题，严重制约我县灌区农业生产和农民增收，必须切实加以解决。

灌区管理关系农村经济可持续发展，关系广大农民切身利益，关系农村社会稳定。各乡镇人民政府和有关部门务必增强责任感和紧迫感，统一思想，提高认识，扎实做好灌区管理工作。要坚持配套新建和病险整治相结合，加强水源工程建设和管理，大力改善灌溉设施，加快扩大有效灌溉面积，提高灌溉保证率和农业用水效率。坚持建管并重，强力推进以用水户参与管理为重要内容的灌区管理体制改革，认真解决灌区发展中遇到的困难和问题，提高灌区管理水平，为我县农业农村发展提供有力保障。

要按照分级管理、分级负责的原则，全面理顺灌区管理体制，落实各级灌区工程的管理机构和组织，明确其管理范围、职责和权力，建立适合农村特点、专业管理与群众管理相结合、保障有力、良性运行的灌区管理体制和运行机制。

（一）全县水利工程灌区管理范围的划分

1. 东风堰灌区。灌区枢纽、干渠、支渠由东风堰管理处负责管理维护，其余斗农渠及田间工程由所在乡镇负责管理维护。

2. 跃进渠灌区。灌区枢纽、干渠、支渠由跃进渠管理处负责管理维护，其余斗农渠及田间工程由所在乡镇负责管理维护。

3. 国管小一型水库工程灌区。马村、光辉、龙华、齐红、团结、幸福、东风等 7 座小一型水库，其枢纽工程（大坝及放水、溢洪设施等）、水域、主干渠等由水库工程管理站负责管理维护，其余支渠、斗农渠及田间工程由所在乡镇负责管理维护。

4. 其他。小（2）型水库、小型引水渠堰、山坪塘灌区等由乡镇负责管理维护。

（二）管护责任

1. 水利工程管理单位管护责任。国家管理的水利工程，水利工程管理单位要按照水利工程管理规范要求，制定日常的管理规则，做好工程检查、观测，建立健全工程技术档案；要及时维修养护水利工程及附属设备，保持工程设备完好，确保工程设施正常运行；要掌握气象和水文预报，并根据雨情、水情及工程安全状况，做好工程调度运用和防洪抗洪工作；要严格用水管理，实行计划用水、节约用水；要建立有效的约束和激励机制，使管理责任、工作绩效和职工收入紧密挂钩，提高服务质量和水平。

2. 乡镇及受益群众管护责任。受益范围在两个村或两个村以上的灌溉工程，由乡镇落实专人管理或组建群众管水组织进行管理；其余斗农渠及田间工程，由乡镇组织受益群众，组建用水户协会等管水组织负责进行管理。要明晰小型水利工程、斗农渠及田间工程所有权、管理权，由乡镇或用水户协会负责协调和安排工程岁修及日常管理维护，保证工程完好。要建立健全管理制度，禁止违法占用和损毁水利工程设施。要抓好水量分配调度工作，确保社会稳定。

县级有关部门、重点水利工程管理单位要结合《四川省"再造一个都江堰灌区"建设规划纲要》《夹江县农田水利综合规划》的实施，抓住国家扩大内需机遇，积极争取国家大中型灌区续建配套与节水改造、农业综合开发、土地治理、小型农田水利建设等各类项目资金，加大灌溉工程改造投入力度，保证现有灌面用水需要，并逐步恢复原萎缩灌区和已退出灌区的农田灌溉。县级财政要安排专项经费，用于末级渠系工程建设和用水户协会相应项目的"以奖代补"或"先建后补"。各乡镇和用水户协会要通过一事一议等方式，充分发动群众，积极参与水利工程建设和岁修维护。要在全县水利工程灌区推广渠道防渗、管道输水等节水工程措施，实行喷灌、微灌等先进的灌水方法，运用节水灌溉制度及节水农业技术，发展高效节水农业，充分发挥水资源效益。

县政府将制定出台考核办法，加强对灌区管理工作的督查考核，严格责任追究，确保工作落实。各乡镇、各有关部门要把加强灌区管理作为做好"三农"工作的重要内容，摆在更加突出的位置，加强领导，狠抓落实。各乡镇要于年底前完成灌区用水户协会等管水组织建设，今后凡未建立灌区用水户协会等管水组织的，将不安排"以奖代补"和"先建后补"等资金补助。水利工程管理单位要加快工程建设，强化内部管理，提供优质服务。各乡镇、各有关部门要加强宣传教育和舆论引导，促进灌区群众破除传统用水习惯，增强节水意识、大局意识，积极参与灌区工程建设维护，自觉服从用水调度和管理。要坚持依法治水、科学管水、民主用水，提高水资源管理能力，保证灌区各项工作顺利开展。

附件：东风堰灌区（自流）管理范围划分表

东风堰灌区（自流）管理范围划分表

管护责任单位	工程名称	起止地点或范围	桩号	长度/千米	备注
东风堰管理处	主干渠	五里渡进口—新桥电站	0+000—12+018	12.018	
	东干渠	新桥电站—巴山斗渠进口	0+000—4+816	4.816	
	西干渠	新桥电站—大同	0+000—13+000	13	
	顺山支渠	门坎堰闸门—马路沟	0+000—10+950	10.95	
	云甘支渠	水碾闸门—方舟分水	0+000—3+365	3.365	
	河西支渠	胜利8队—中兴8号渡槽	0+000—4+400	4.4	
	河东支渠	河东分水闸—吴塝	0+000—5+500	5.5	
	宿槽水库排洪沟	水库泄洪闸—新桥电站	0+000—2+425	2.425	
漹城镇	谢滩斗渠	谢滩村		2.2	表中所列为主要斗渠，其余斗、农、毛渠及田间工程仍由乡镇负责组织管理
	宿槽水库斗渠	宿槽村		2.5	
	反修斗渠	工农村、薛村、宋和村		3.8	
	水碾沟斗渠	工农村、薛村、宋和村		4.3	
	邓沟斗渠	新华村、新村、何村		5	
	幺堰	牌坊村、新村、何村		3.8	

管护责任单位	工程名称	起止地点或范围	桩号	长度/千米	备注
黄土镇	柏之堰斗渠	凤桥村、罗华村、马坝村		2.6	表中所列为主要斗渠，其余斗、农、毛渠及田间工程仍由乡镇负责组织管理
	大马堰斗渠	马坝村、程河村、马冲村		3.5	
	红光斗渠	红光村、程河村		1.2	
	巴山斗渠	黄土村、罗华村、马坝村、红光村		3.8	
	幺堰	罗华村		1.4	
	黄土斗渠	黄土村		3.2	
	万松斗渠	万松村		3.5	
甘江镇	毛沟斗渠	双碑村、五星村、李村		6.2	表中所列为主要斗渠，其余斗、农、毛渠及田间工程仍由乡镇负责组织管理
	康沟斗渠	五星村、万华村、李村、陶渡村		4	
	永福斗渠	五星村、李村、万华村		4	
	夏沟斗渠	五星村		4	
	懒堰斗渠	吉祥村、万华村		2.3	
	大同斗渠	大同村		4.5	
	中心斗渠	中心村		3	
	马路沟斗渠	大同村、席湾村、鞠村、盘渡村		4	
	席湾斗渠	席湾村		2.1	
	河西斗渠	河西村		4.2	
	老三面光沟	文沟村		2.3	
	柏木堰斗渠	文沟村、民主村		4.5	
	蒲沱堰斗渠	新生村、宝华村、大石村		3.2	
	大石斗渠	大石村、宝华村、新生村		2.5	

管护责任单位	工程名称	起止地点或范围	桩号	长度/千米	备注
甘霖镇	姚堰斗渠	席河村		3.8	同上
	曾村斗渠	大石村、宝华村		3.4	
	反修斗渠	大石村		0.8	
	席河斗渠	席河村		3.7	
	陶沟斗渠	文沟村、南山村、民主村		4.2	
	文沟斗渠	文沟村		2.6	

☆

夹江县水务局关于成立漹城镇新华片区农民用水户协会的批复

夹水发〔2010〕106号

漹城镇新华片区农民用水户协会筹备组：

你们《关于成立漹城镇新华片区用水户协会的申请书》收悉。经审查，同意你们成立漹城镇新华片区用水户协会。根据社会团体登记管理条例的有关规定，请你们向县民政局申请进行注册登记。

特此批复

夹江县水务局

2010 年 12 月 17 日

☆

夹江县民政局关于对"夹江县漹城镇新华片区农民用水户协会"注册登记的批复

夹民政〔2010〕131号

夹江县漹城镇新华片区农民用水户协会筹备组：

你组报来的关于成立"夹江县漹城镇新华片区农民用水户协

会"的申请，已收悉，经审查，申报材料齐全，有固定的办公地点，健全的办事机构，章程规定的宗旨、任务、业务范围、会员条件、组织机构，经费来源，负责人产生，协会终止的程序等，符合国务院颁布的《社会团体登记管理条例》规定。经我局研究决定，同意"夹江县漹城镇新华片区农民用水户协会"按行业类法人社会团体注册登记。

希你会注册登记后，在业务主管部门的指导下，进一步完善内部管理机制，建立健全各项规章管理制度，严格按照本协会章程规定的宗旨、任务、业务范围开展活动，加强内部管理，自觉接受登记管理机关的监督检查，按时参加年检和变更登记事宜，组织会员认真学习党的路线方针、政策，遵守国家的法律、法规，沟通会员之间的联系与合作，组织会员贯彻执行国务院《水利法》以及省、市、县水利方面的有关规定，负责本灌区内的良田灌溉及灌溉工程建设、设施维护和管理，全心全意提供有效的农业用水服务，促进农业稳产、高产和节水高效。为夹江的农村经济建设做出贡献。

夹江县民政局

2010 年 12 月 29 日

夹江县水务局关于成立漹城镇农民用水户协会的批复

夹水发〔2011〕105号

漹城镇农民用水户协会筹备组：

你们《关于成立漹城镇农民用水户协会的申请书》收悉。经审查，同意你们成立漹城镇农民用水户协会。根据社会团体登记管理条例的有关规定，请你们向县民政局申请进行注册登记。

　　特此批复

夹江县水务局

2011 年 12 月 14 日

☆

夹江县民政局关于对"夹江县漹城镇农民用水户协会"注册登记的批复

夹民政〔2011〕126号

夹江县漹城镇农民用水户协会筹备组：

　　你组报来的关于成立"夹江县漹城镇农民用水户协会"的申请，已收悉，经审查，申报材料齐全，有固定的办公地点，健全的办事机构，章程规定的宗旨、任务、业务范围、会员条件、组织机构，经费来源，负责人产生，协会终止的程序等，符合国务院颁布的《社会团体登记管理条例》规定。经我局研究决定，同意"夹江县漹城镇农民用水户协会"按行业类法人社会团体注册登记。

　　希你会注册登记后，在业务主管部门的指导下，进一步完善内部管理机制，建立健全各项规章管理制度，严格按照本协会章程规定的宗旨、任务、业务范围开展活动，加强内部管理，自觉接受登记管理机关的监督检查，按时参加年检和变更登记事宜，组织会员认真学习党的路线方针、政策，遵守国家的法律、法规，沟通会员之间的联系与合作，组织会员贯彻执行国务院《水利法》以及省、市、县水利方面的有关规定，负责本灌区内的良田灌溉及灌溉工程建设、设施维护和管理，全心全意提供有效的农业用水服务，促进农业稳产、高产和节水高效。为夹江的农村经济建设作出贡献。

夹江县民政局

2011 年 12 月 18 日

3. 农民用水户协会行文

夹江县漹城镇农民用水户协会章程

第一章 总 则

第一条 本团体名称为：夹江县漹城镇农民用水户协会。

第二条 本团体的性质：本团体是由本协会全体用水户通过民主方式组织起来的不以营利为目的的社会团体。

第三条 本团体的宗旨：以用水户为核心，以"群策群力、团结协作、共同发展"为宗旨。遵守宪法、法律、法规和国家政策。遵守社会道德风尚，在水利主管部门和地方政府的支持、指导、协调下，依法开展本会业务范围内的工程建设、灌溉管理和经营活动。坚持"谁受益、谁负担"的原则，改善灌溉条件，节约用水，科学用水，提高水的利用率，降低灌溉成本，改善农民增产增收的用水环境。

第四条 本团体接受灌溉机构、水行政机构和民政机构的业务指导和监督管理。

第五条 本团体的住所：夹江县漹城镇。

第二章 业务范围

第六条 本协会的业务范围：

（1）全面负责东风堰灌区工程的运行、调度、管理、维护。

（2）负责向用水户供水并收取适当的工程维护费用。

（3）从事与水利及灌溉服务有关的综合经营活动。

（4）解决用水组之间的水事纠纷。

第三章　会员及协会组成

第七条　本协会以东风堰渠系（支、斗、农渠）单位为基础组建，在此范围内的灌溉用水户为本会会员。

第八条　本团体的会员，必须具备下列条件：

（1）是本灌溉渠系范围内的用水户；

（2）拥护本协会的章程。

第九条　会员入会的程序是：

（1）需要用水的用水户即自行加入成为本会会员；

（2）协会执委会审查通过。

第十条　会员享有下列权利：

（1）用水权；

（2）推荐、选举和被选举为会员代表的权利；

（3）向协会反映意见和要求的权利。

第十一条　会员履行下列义务：

（1）按灌溉面积自觉交纳工程维护费的义务；

（2）执行协会各项决议、遵守协会各项规章制度的义务；

（3）维修和保护水利工程设施的义务；

（4）节约用水，同违法行为作斗争的义务。

第十二条　会员如有严重违反本章程的行为，经执委会讨论予以除名，其享有的权利、义务同时终止。

第四章　组织机构和负责人的产生、罢免

第十三条　本协会的最高权力机构是会员代表大会，其职权是：

（1）选举和罢免执委会成员；

（2）审查、通过执委会的各项工作计划、用水计划和各项管理制度；

（3）审查执委会的年度财务预、决算；

（4）审议通过或修订协会章程及各项管理制度；

（5）划分协会用水组。

第十四条　会员代表大会每年召开 1 次。执委会决定临时召开代表大会，或有 2/3 以上的正式会员代表向执委会提出召开代表大会时，也可临时召开。代表大会必须有 3/4 以上的正式代表出席。协会代表大会决议，应由全体出席会议的正式会员代表决议，获得半数以上赞成方为有效。

第十五条　会员代表每届 3 年。因特殊情况需要提前或延期换届的，须由执委会提出申请，报业务主管单位或民政部门批准同意，但延期换届最长不超过 1 年。

第十六条　本协会设执委会、监事会和秘书处，执委会是会员代表大会的执行机构，在闭会期间领导本协会开展日常工作，对会员代表大会负责。监事会是协会的监督机构，负责监督协会各项工作的执行，秘书处负责处理执委会文秘资料等工作。

第十七条　执委会的职责是：

（1）执行会员代表大会的决议并向其报告工作；

（2）筹备召开会员代表大会；

（3）聘用协会工作人员；

（4）执行协会的各项管理制度，包括灌溉管理制度、工程管理制度、财务管理制度、工程维护费征收使用管理办法、奖惩办法等；

（5）制定年度用水计划、工程维修计划、财务收支计划及其他工作计划，提交会员代表大会审批后执行；

（6）全面负责本会范围内的经营管理工作，并承担资产保值增值责任；

（7）负责协调本会内外部的关系；

（8）负责调解和处理灌溉中的水事纠纷；

（9）决定其他重大事项。

第十八条　监事会的职责：

（1）监督执委会的各项工作完成；

（2）负责向执委会提出建议意见；

（3）监督各用水组的工作完成情况。

第十九条　执委会成员共 19 人，设会长 1 人，副会长 3 人，秘书长 1 人，监事长 1 人，执委会成员 13 人，会长负责主持协会全面工作，监事长负责监事会全面工作。

第二十条　执委会、监事会、秘书处成员必须具备下列条件：

（1）坚持党的路线、方针、政策，政治素质好；

（2）具有一定的社会经验和组织领导能力；

（3）热心水利事业、作风正派、公正廉洁、全心全意为用水户服务；

（4）身体健康，能坚持正常工作；

（5）有完全民事行为能力。

第二十一条　执委会、监事会、秘书处成员通过用水户协会会员代表大会民主选举产生。其程序是：由各用水组进行协商提名产生候选人，所有候选人必须通过协会会员代表的认可。

第二十二条　执委会、监事会、秘书处成员每届任期 3 年，可连选连任。成员辞职，需要先提申请，由用水户协会代表大会批准，在批准之前，应继续履行其职责。

第二十三条　执委会执委长职责：

（1）执行会员代表大会决议；

（2）领导协会落实会员大会的各项决定；

（3）领导好各用水组的工作；

（4）向会员大会报告工作。

第二十四条　执委会副会长职责：协助会长开展工作，会长不在期间代行其职责。

第二十五条　监事会监事长职责：

（1）执行会员代表大会的各项决议；

（2）履行好监事会的各项工作；

（3）向会员大会报告工作。

第二十六条　监事会副监事长职责：协助监事长开展工作，监事长不在期间代行其职责。

第二十七条　秘书长职责：做好各类文秘、档案、资料的撰写、上报、归档等工作。搞好各类会务准备等日常工作。

第二十八条　本协会每个村为一个用水组，每个经济社为1个用水小组。其职责包括：产生或罢免用水户代表；审查、通过本用水组或用水小组的用水计划、工程维修计划和集资办水利的计划。

第二十九条　用水小组的用水户代表由本用水小组内的全体用水户选举产生。每个用水小组设代表1名，用水户代表每3年改选一次，可连续选任。

第五章　资产管理与使用原则

第三十条　本协会经费来源：

（1）渠系维护费；

（2）会员自愿出资；

（3）政府资助；

（4）开展以水利为依托的综合经营活动的收入；

（5）其他合法收入。

第三十一条　本协会按国家政策规定及本会《沟渠维护费征收使用管理办法》收取沟渠维护费。

第三十二条　本协会的资产管理必须执行国家规定的财务管理制度，接受会员代表大会和资产监督部门的监督。

第三十三条　本协会的渠系及其附属建筑物工程为本会固定资产，依国家有关法规及本会制订的《工程管理制度》予以保护。

第三十四条　本协会建立《财务管理制度》，保证会计资料合法、真实、准确、完整。

第三十五条　本协会配备会计人员。会计不得兼任出纳。会计人员必须进行会计核算，实行会计监督。会计人员调动工作或离职时，必须与接管人员办清交接手续。

第三十六条　本协会换届或更换代表人之前，必须接受业务主管单位和登记管理机关组织的财务审计。

第三十七条　本协会的资产，任何单位、个人不得侵占、私用和挪用。

第三十八条　协会对经营管理的工程设施进行更新改造和维护需要向用水户筹集资金时，按"谁受益、谁负担"的原则以灌溉面积及人口分摊。协会的筹资方案须经代表大会表决通过。筹资方案被批准后，各用水组负责本用水组的资金筹集。

第三十九条　本协会实行财务公开制度。协会所收渠系维护费及上级政府水利款项补助，由执委会统一管理，执委会与用水组双方立账，专款专用，并定期公布财务收支情况。

第六章　章程的修改程序

第四十条　对本协会章程的修改，由执委会负责提出修改意见，交会员代表大会审议。

第四十一条　本协会修改的章程，须在会员代表大会通过后十五日内，经业务主管单位审查同意，并报社团登记管理机关核准后生效。

第七章　终止程序及终止后的财产处理

第四十二条　协会在1/2以上会员代表提出解散案，或由于分立、合并等原因需要注销的，由执委会提出终止协议。

第四十三条　本协会终止协会须经会员代表大会表决通过，并报业务主管单位审查同意。

第四十四条　本协会终止前，须在业务主管单位及有关机关指导下，成立清算组织，清理债权债务，处理善后事宜。清算期间，不开展清算以外的活动。清理后应及时向资产监督管理机关办理资产档案移交手续，进行资产移交。

第四十五条　本协会经登记管理机关办理注销手续后即为终止。

第八章　附　则

第四十六条　本章程经2010年10月8日用水户代表大会表决通过。

第四十七条　本协会章程由协会执委会负责解释。

第四十八条　本章程自协会登记管理机关核准之日起生效。

夹江县东风堰灌区滃城镇农民用水户协会工程管理制度

第一章 总 则

第一条 为了保障本协会辖区内渠道及附属建筑物完好及安全运行，依据协会章程制订本制度。

第二条 本协会辖区内的灌溉工程包括所管支、斗、农、毛渠及附属建筑物，其管理权和使用权为本协会会员所有。

第二章 工程管理的实施

第三条 本协会的工程管理实行分级负责制，支渠及渠系建筑物由协会统一管理，斗、农渠及以下渠道及其小型建筑物由用水组管理。

第四条 在灌溉期间，用水户代表、执委会成员均应巡堤护水，用水组必须组织劳力对所辖堤段加强检查维护，保证渠道安全通水。

第五条 灌溉前协会应对渠道进行全面检查，对影响通水的渠道及建筑物及时组织力量进行维修。

第六条 每次放水结束后，用水组要对辖区内渠道进行检查，发现破损、垮塌应及时组织用水户修复。大的安全问题，上报协会执委会组织维修。

第七条 支渠及其建筑物维修或更新由协会制定方案报会员代表大会审批，所需资金按用水组受益面积及人口分摊。

第八条 斗、农渠及以下渠道维修、配套、改造由用水组制定方案，经用水组会员大会通过后实施，所需资金由各用水户按受益田亩及人口分摊。

第九条 本协会新建灌溉工程由执委会负责规划设计，会员代表大会审批，并与镇政府协商后组织实施，资金与劳务由新建工程的受益者按灌溉面积及人口分摊。

第十条　本协会会员有按照协会章程完成灌溉工程维修的义务，任何会员不应拒绝。

第三章　附　则

第一条　本制度经协会会员代表大会通过后执行。由协会执委会负责解释。

夹江县东风堰灌区㵲城镇农民用水户协会灌溉管理制度

第一章　总　则

第一条　为了实行计划用水、节约用水、提高农业灌溉效益和供水可靠性，为广大用水户搞好灌溉服务，依据协会章程制订本制度。

第二条　灌溉管理要依据全年和阶段性供水计划，贯彻适时供水、安全输水、合理利用水资源、平衡供求关系，科学调配流量，充分发挥灌溉效益的原则。

第二章　灌溉管理的实施

第三条　灌溉管理实行执委会调度管理责任制，调度管理按计划用水、合理调配。

第四条　每轮灌溉前，根据农作物需水情况向协会报告，包括用水时间、流量及总水量。

第三章　灌溉管理的要求

第五条　严禁人情水、关系水；严禁以权谋私。

第六条　科学调度，合理配水。坚持上游照顾下游，局部服从全局的原则，做好蓄水保水、节约用水工作。

第七条　认真做好渠道防汛、保安工作。放水灌溉期各用水组必须派人巡堤守水，分段把守。抢险堵口，实行行政区划负责制。

第八条　遵守灌溉纪律，维护灌溉秩序，服从统一调度。杜绝偷水、抢水，破坏建筑物放水，私自截流放水等。严禁在渠道堤顶坡内种植作物。

第九条　严格依法管水，对违章用水者应由协会根据情节按章程及有关规章制度进行处理，情节严重的报政府部门处理，触犯刑律的，移交司法部门处理。

第四章　附　则

第十条　本制度经协会会员代表大会通过后执行。本协会执委会负责解释。

☆

夹江县东风堰灌区滃城镇农民用水户协会财务管理制度

第一章　总　则

第一条　为加强财务管理，依照协会章程制订本制度。

第二条　本协会的财务管理工作应遵守国家的法律、法规和财务管理制度，切实履行财务职责，如实反映财务状况，接受主管财务机关的检查、监督。

第二章　财务管理的办法、规定

第三条　本协会按照经济自立原则，建立盈亏平衡成本核算体系。

第四条　协会配备的财务人员具备基本的业务素质，并保持稳定性。在财务人员变动时，应事先办理好审计和财务交接手续。

第五条　协会的现金支出凭证首先有经办人签字，工程款项需有技术人员签字，报财务负责人（会长）或其授权副会长签字。严格控制开支，紧缩管理费支出。

第六条　渠系维护费收入，以开出的财务收据留存联作为入账凭证及时入账。

第七条　协会按照财务主管部门的要求，对固定资产清查盘点，固定资产盈亏、毁损的净收入或净损失计入营业外收入或营业内收入。

第八条　面向本协会的政府专项拨款，必须按照国家或上级供水部门规定的项目预算范围列支、专款专用。

第九条　协会按照上级主管部门规定的时间和要求提交财务报告。

第十条　协会将年度财务报告及各种会计凭证、账簿和资料等建立档案，并妥善保存。

第十一条　协会财务收支状况每年要向用水户公开。

第三章　附　则

第十二条　本制度的修改、撤销须经协会会员代表大会审定。由协会执行委员会负责解释。

☆

夹江县东风堰灌区滮城镇农民用水户协会奖惩办法

第一章　总　则

第一条　本办法适用于本会范围内的所有用水户。

第二条　奖励与处罚的目的在于促进协会所属工程的维护并免遭人为破坏，维护灌溉秩序，促进渠系维护费的足额按时缴纳，使协会章程及各项规章制度落到实处。

第三条　奖惩的原则是"鼓励先进、鞭策后进、以奖为主、以罚为辅、施奖公正、处罚合理"。

第二章　奖　励

第四条　奖励分为通报表彰、优先供水和物质奖励。

1. 全年渠系维护费及时足额交纳的用水组或用水小组，给予通报表彰并予以公布。

2. 渠系维护费用完成好的用水组或用水小组在第二次供水时给予优先供水。

3. 灌溉期间发现工程重大隐患及时报告从而避免重大事故发生者，发现人为破坏工程予以制止并向有关部门报告避免重大损失者，予以 100~500 元现金奖励。

4. 用水户协会执委会成员、用水户代表在组织全年灌溉工作中成绩突出，经用水户代表评选为先进者，给予 50~200 元现金奖励或同等价值的实物奖励。

第五条　本协会对爱护工程、交纳渠系维护费、集资办水利成绩突出的会员，可依照本办法随时进行表彰和奖励。

第三章　处　罚

第六条　本协会辖区内的灌溉工程遭到人为破坏均应视其情节轻重由执委会作出限期修复、赔偿损失、罚款、减少供水、停止供水处理。

第七条　支斗渠上的节制闸、护坡渠道遭到破坏，肇事者应在 10 天内修复。

第八条　放水闸遭到破坏，肇事者应在 3 天内修复，拒绝修复者处以 500~2000 元罚款，由协会收取并组织修复。

第九条　凡在渠道上任意扒口、拦水者按偷水论处，每次罚款 500~2000 元。

第十条　凡发生争、抢水事件，在用水组范围内由协会代表处理，在用水组之间的由协会处理。发生打骂事件报镇、村治安管理人员处理，造成经济损失或人员伤亡的报派出所交司法部门处理。

第十一条　协会会员不得拖欠渠道维护费，拖欠者必须按月交纳 10% 的滞纳金，并限期交清。

第十二条　本协会与其他组织之间的水事纠纷，由上级部门协调处理。

第四章　附　则

第十三条　对特困户渠系维护费的减免，应由执委会提出方案，经协会代表大会通过后执行。

第十四条　本办法与协会其他规章制度参照执行。

第十五条　本办法由协会代表大会通过，由协会执委会负责解释。

夹江县漹城镇农民用水户协会会长任命通知

根据上级文件精神，始终围绕"灌区民主协商、条块统一协调、专管群管结合，用水户参与管理"的原则，经 2011 年 10 月 8 日第一次用水户协会代表大会通过，任命漹城镇宋河村陈建均为漹城镇农民用水户协会会长，全面负责漹城镇灌区工程的运行、调度、管理、维护等。

特此通知

漹城镇人民政府

2011 年 10 月 17 日

夹江县漹城镇农民用水户协会机构设置

根据上级文件精神，始终围绕"灌区民主协商、条块统一协调、专管群管结合，用水户参与管理"的原则，经 2011 年 10 月 8 日第一次协会代表大会通过，漹城镇农民用水户协会设理事会和监事会。

协会会长：陈建均

副 会 长：徐守兵、杨帮志、张建军

协会监事会：李永强

协会秘书长：陈建芳

成　　　员：张治全、李炎平、杨淑莲、陈宣明、宋兴文、宋文军、陈友全、姜小勤、徐晓琴、董德军、陈孝华、薛萧、黎志云

各社设用水组、社长为组长，所有用水户均为协会会员。

漹城镇用水协会办公地点：

漹城镇工农村 6 社（工农村村委会）

联系人：陈建均　联系电话：13281335284

4. 相关会议纪要

关于增加东风堰放水流量协调会议纪要

时间：2007 年 12 月 25 日

地点：千佛岩电站指挥部会议室

参加人员：

夹江县指挥部办公室：沈志华、童跃忠

乐电夹江公司：谢志钢、鞠光甫、刘仕清、彭灵

东风堰管理处：黄强、周志勇

千佛水力发电厂：蔡建川

千佛岩电站指挥部：杨茂华、彭毅、赵鸿文、张德忠

主持人：杨茂华

会议内容：

2007 年 12 月 25 日上午 11 时，在千佛岩电站指挥部会议室，由千佛岩电站杨茂华副指挥长牵头主持召开了关于增加东风堰放水流量协调会。与会各方人员对加大东风堰放水流量如何保证通信联系以及事故情况下的应急措施进行了讨论，并形成以下共识：

一、由于青衣江水源枯竭严重，为确保夹江城区生活供水和农田用水以及电站发电用水，千佛岩电站指挥部经请示县人民政府同意，利用已安装好的泄洪闸门，在库区内修筑临时围堰，采取壅水方案，加大东风堰进水流量。东风堰进水流量的多少，利用泄洪闸门调节，该方案已于 12 月 22 日 17 时 30 分开始下闸壅水，逐步加大了东风堰进水流量，满足了城区生活供水、农田用水以及保证了电站枯水期的发电用水。

二、确保通信联系和保证通信畅通

1. 在乐电石骨坡电站中控室和千佛岩电站大坝闸门值班处分别安装录音电话，保证 24 小时通信联系和通信畅通，录音电话由千佛岩电站指挥部提供。

2. 东风堰在正常通水情况下，通信联络方式为：千佛岩电站大坝值班人员只对石骨坡电站中控室值班人员联系；涉及石骨坡电站与下游两个电站（东风堰管理处电站[①]、千佛水力发电厂）通信联系，按原石骨坡电站与下游两个电站通信联络方式执行。

3. 东风堰进水流量出现异常情况时，千佛岩电站大坝值班人

---

① 此处所指电站名为乐山市东风堰新桥电站，属国有企业。

员除与石骨坡电站中控室联系，石骨坡电站也应按原与下游两个电站在出现异常情况时的联络方式进行联系。

三、为了确保千佛岩电站大坝、库区安全和东风堰渠道设施安全，千佛岩电站指挥部与石骨坡电站应共同加强东风堰取水口（新修建的东风堰侧向进水闸）的值班管理，共同管理另行商定。一旦石骨坡电站机组出现甩负荷或机组事故停机以及异常情况时，石骨坡电站中控室值班人员应及时通知千佛岩电站大坝值班人员，关闭或调节东风堰进水流量，避免给东风堰渠道两岸带来经济损失。

四、千佛岩电站指挥部对东风堰的进水流量控制在临时围堰最终形成时，将按 51 立方米每秒放水（时间 2007 年 12 月 31 日）。石骨坡电站、千佛水力发电厂电站、东风堰管理处电站应抓好机组设备维护检查管理，确保电站经济效益最大化。

第三章 东风堰遗产价值

第一节 遗产构成

东风堰灌区工程经历了 360 年的演变，现有引水枢纽 1 座，总干渠 1 条长 12 千米；干渠 2 条，分别是东干渠长 4.8 千米、西干渠长 13 千米；支渠 4 条，分别是顺山支渠长 10.95 千米、云甘支渠长 3.37 千米、河东支渠长 5.50 千米、河西支渠长 4.40 千米；斗、农、毛渠共计 354 条，长约 390 千米，其中，穿城区的斗渠有邓沟斗渠 5 千米、幺堰斗渠 5.2 千米、水碾沟斗渠 4.3 千米、反修沟斗渠 4.6 千米。渠系建筑物有隧洞 1 座——千佛岩隧洞长 0.4 千米，渡槽 11 座，节制闸 22 座。国家水情教育基地——东风堰水文化陈列馆一处，见图 3–1、图 3–2、图 3–3。

第二节 科学技术价值

青衣江水量丰沛，自古以来沿岸分布有众多民堰无坝引水灌溉农田。无坝引水枢纽是充分利用河流水文、河道地形和区域自然地理条件，直接在河道上引水的水利工程形式，具有工程规模较小、就地取用建筑材料的特点，它使河流的环境功能、水运功能以及地下水与地表水的天然循环机制均得以完善的保持。

无坝引水工程的技术关键是渠首枢纽和渠系规划，而工程效

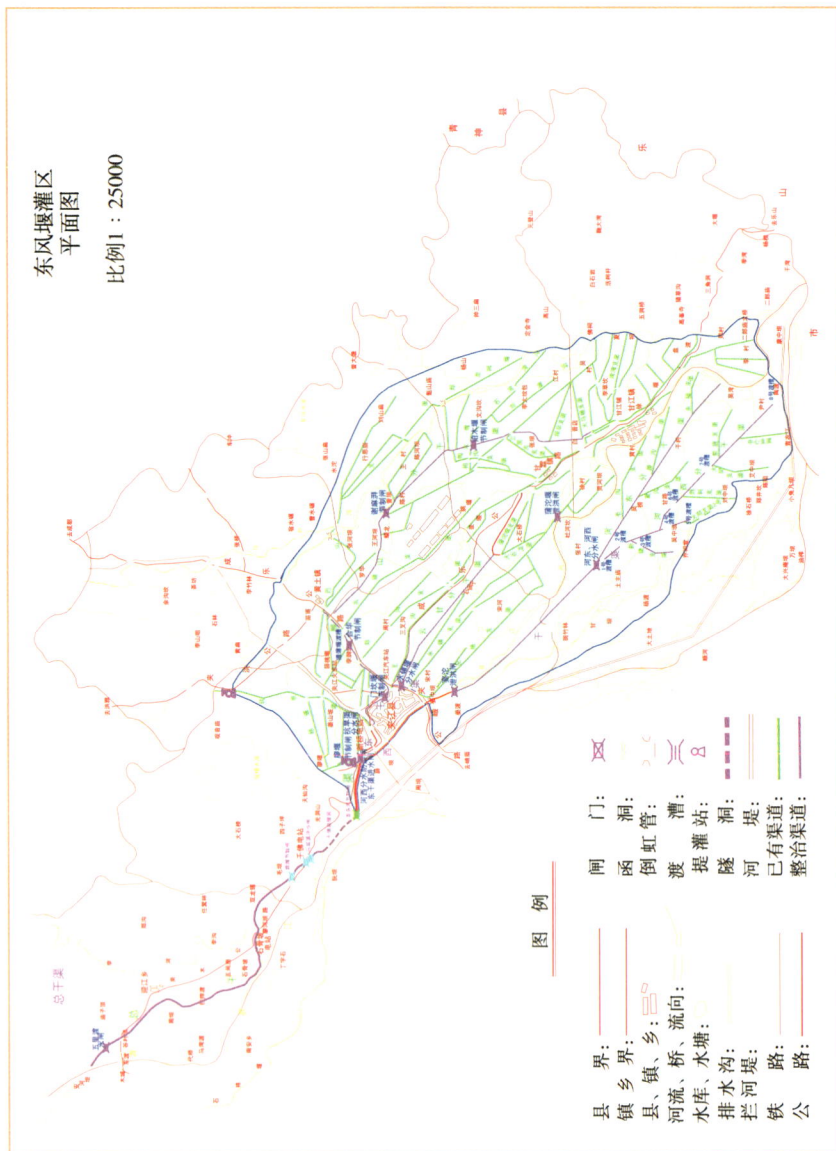

东风堰灌区
平面图

比例1：25000

图例

闸 门：
函 洞：
倒虹管：
渡 漕：
提灌站：
隧 洞：
河 堤：
已有渠道：
整治渠道：

县 界：
镇乡界：
县、镇、乡、流向：
河流、桥、水塘：
水库、水沟：
拦河堤：
铁 路：
公 路：

图 3-1 东风堰灌区范围示意图（东风堰管理处供图）

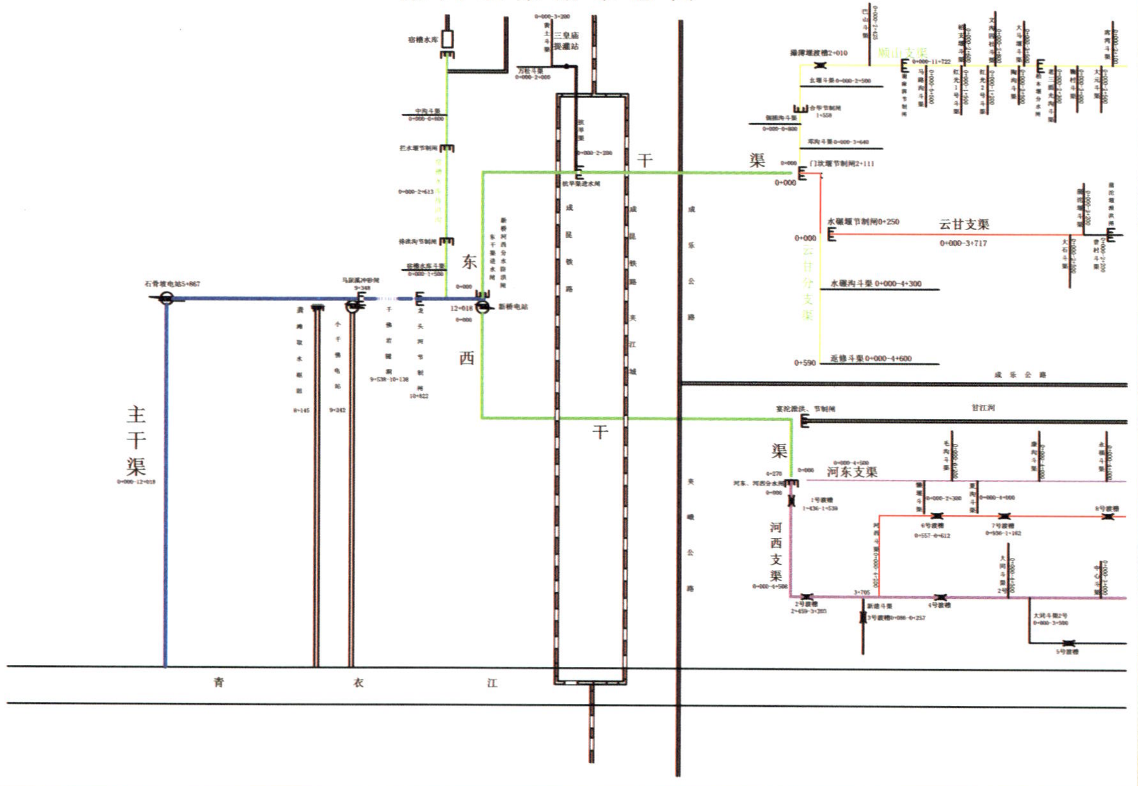

图 3-2　东风堰灌区渠系直线图（东风堰管理处供图）

总干渠
- 东干渠
  - 顺山支渠
    1. 邓沟斗渠
    2. 幺堰斗渠
    3. 红光1号斗渠
    4. 红光2号斗渠
    5. 倒插沟斗渠
    6. 巴山斗渠
    7. 马路沟斗渠
    8. 席湾斗渠
    9. 文沟5队斗渠
    10. 鞠村斗渠
    11. 大元斗渠
    12. 老三面光沟斗渠
    13. 文沟4队斗渠
  - 云甘支渠
    1. 反修斗渠
    2. 水碾沟斗渠
    3. 大石斗渠
    4. 曾村斗渠
- 西干渠
  - 河东支渠
    1. 毛沟斗渠
    2. 康沟斗渠
    3. 永福斗渠
    4. 夏沟斗渠
    5. 懒堰斗渠
  - 河西支渠
    1. 大同1号斗渠
    2. 大同2号斗渠
    3. 中心斗渠
    4. 河西斗渠

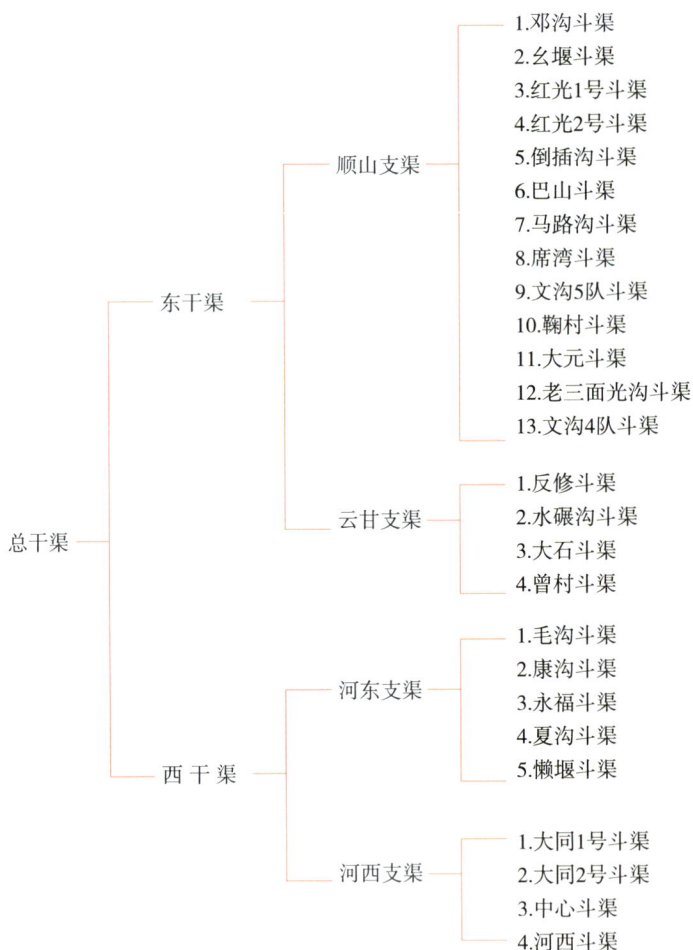

图 3-3　东风堰灌区渠系表（东风堰管理处供图）

益的发挥还与管理关系重大，这是因为渠首枢纽最佳水流状态和渠道输水能力维系都需要严格工程管理措施。如同四川其他古堰一样，东风堰科技价值的核心体现，即为无坝引水枢纽的合理布置、渠系工程的科学设计及科学有效的灌溉管理制度。

一、渠首工程

（一）渠首选址科学合理

在江河中采取无坝扎堰的方式取水输送向灌区，必须有足够的水位差和稳定的取水口。这类堰首——取水口的选址、导流堰的长度和高度，需要根据每年春季到夏季河道里的来水情况和中泓线变化情况作出选择，从而对引水量进行控制，以避免对主河道的面貌改变而造成其他危害。

青衣江自洪雅县进入夹江县境内后，地形比较开阔漫散，江心沙洲最为发育，河床最宽处达 1200 米，最大沙洲面积达 1.3 平方千米。到了青衣江最后一段长约一千米的峡谷——千佛岩峡谷，江面迅速收缩至 379 米，此时江水受到约束，水位抬高、流量加大。出峡谷后河道又迅速漫散，主河道东西第次形成若干条岔河，而这些岔河中有相当一部分是汛期行洪、枯期断流。

东风堰的前身——毗卢堰的堰首是侧向无坝取水的导流堰。康熙元年（公元 1662 年），刚到夹江任职的县令王士魁带领绅民在位于千佛岩峡口下游 400 米处一个叫龙吼滩的地方兴建毗卢堰时，将导流堰的起点选在"毗卢寺外支江分流之首"，从主河道左岸开始斜向上游扎竹石长笼百余丈，将水流导入青衣江左岸的第一条支流岔河，流经毗卢寺外，在导入口下游近 700 米处的谢潭分流给建于明代中期的八小、市街二堰再进入灌区。

此后，为了稳定取水口的位置，堰工们每年春季来临以前，都会因地制宜、合理有效地利用青衣江造就的天然条件，并通过精巧设计筑扎导流堰，使得堰首——取水口能起到鱼嘴分流作用，从而保证引取江流表层水，最大程度地避免泥沙对渠系的淤积。

这种导流堰又称"楗尾堰"，其使用的构筑材料为竹笼填石，是蜀郡守李冰修建都江堰工程中所创造的堤堰施工方法在古代夹江水利工程中运用的成功范例。

这个原始的取水口配之以长 700 米的原始总干渠，一直沿用了近 240 年，维系了可灌面积 1.25 万亩、保灌面积 0.75 万亩农田的灌溉。当青衣江自身因素引发河道严重下切或者中泓线偏移而导致取水困难时，就需要重新选择取水口。东风堰从 1901 年到 1975 年，共有 3 次上迁堰首经历，堰工们均遵循了上述渠首选址科学合理的原则。

（二）古法导流材料天成

东风堰的无坝取水导流工程，延续使用了三百多年。虽然古法导流方法已被现代工程技术替代，但其使用的竹笼卵石材料和工程措施，在汛期等非常条件下仍然不失为保护水利工程的应急备用。它们是夹江地区水利灌溉工程中的文化遗产，应当传承下去。

1. 竹石长笼

竹笼卵石用于堵水，系利用本地盛产竹子和河道内多有卵石的优势。在夹江地区，长笼又称圆条笼、竹石条篓，其材料为本地产 2 年生茨竹、青衣江河道里的直径 20~40 厘米的卵石。长笼的制作，是先将竹子剖开成 3~5 厘米宽的篾条，再按经纬变换角度的方式编扎而成。笼的长度视其需要和运输条件，一般为 5~10 米；笼的直径在 0.6~1.2 米；笼眼的个数通常为 3、4、5 眼，个别情况下为 6 眼，形状为六边形，当地百姓称其为"胡椒眼"。由于竹笼在填装卵石时，笼眼允许有较大的变形，因此笼眼的直径在 15~20 厘米即可，笼眼太小不便于填装、笼眼太大容易造成较小的卵石在运行时漏出。长笼的制作，并不需要太高的技术要求，一般的篾匠都能胜任，直至现在，沿青衣江两岸仍然不乏制笼人。

竹笼卵石工程是夹江地区广泛采用的渠堰导流工程技术之一，也是青衣江治理中用于冬季施工中的围堰、汛期抢险的常用工程技术。它是在竹子编织的长笼内装卵石的壅水工程或者防护工程，作用是临时拦水或者汛期保护堤防、渠道基础和坡面。竹笼在用于导流或者围堰工程时，是将分散的卵石经填装后形成有一定空隙、能够透水的柔性体，由若干条竹笼错缝重叠成梯形断面结构，通过竹桩、篾条等连接固定成整体直落水底、紧贴河床，形成所需的工程结构，在迎水面外置篾笆、竹席后，外面加培黏土闭水，即可起到挡水导流作用。

2. 枬槎

枬槎又称闭水三脚、木马，是用来挡水的三脚木架。单架枬槎是由三根长约 6~7 米、直径 20~30 厘米的圆木绑扎而成的三角支架。应用时以多个排列成行、设置平台，台上放压重体；在迎水面上加系横木及竖木、外置竹席篾笆、加培黏土，形成浑然一体彼此相连的挡水平面，形成起挡水作用的截流堰。这种临时水工建筑物，在四川省沿江取水或堵水工程中应用较多，明嘉靖时期（公元 1522—1566 年）就已见诸文字记载。

枬槎的优点是易拆易建，圆木可重复使用，是一种造价低廉的临时性工程结构，多用于吃水较深的临时拦水。枬槎在东风堰灌区使用较少，1950 年以后，为加大引水流量，用枬槎提升导流堰高度时使用过一段时间。

3. 应用

从清康熙元年（公元 1662 年）修建毗卢堰起，至 2008 年千佛岩电站的附属电站——迎江电站投入运行，东风堰的堰首直接

与迎江电站尾水相衔接，其古法导流取水工程延续使用了 346 年。这种以竹石长笼为主、间或配以杩槎构筑的古法导流堰，其生命的周期在每年春季至青衣江主汛期到来之间，以致循环往复。当水稻生长期完结进入主汛期时，导流堰则被洪水漫顶毁坏，不会成为河道变化的制约因素。其木料可回收重复使用，竹石长笼大部分被洪水冲走，一些废旧篾块则被下游群众打捞充作燃料。因此，古法导流堰是生态环保工程。

二、灌区工程

青衣江在夹江境内自西北向东南斜贯县境 33 千米，沿江均为第四纪冲积层所形成的河漫滩和谷地。东风堰灌区是由冲积物沉积形成的 74 平方千米的平坝地区，其中，千佛岩峡口以上 3 平方千米，千佛岩峡口以下 71 平方千米。东风堰主灌区地面平坦开阔、微有起伏，地势由西北向东南倾斜，灌区坡降 1.7‰。现在，东风堰的引水水位在海拔 421.5~422.5 米之间变化，千佛岩以下灌区中，沤城镇黄田坝海拔 414 米，甘江镇九盘山下的康中坝为青衣江夹江段出境处海拔 380 米，是全县最低处。

（一）中华人民共和国成立以前的工程状况

中华人民共和国成立以前，青衣江主河道出千佛岩峡口后，在龙头河——新开河——甘江河以右地区，孤岛和不稳定的江心洲星罗棋布。在这样的原始自然条件下，加之半封建半殖民地的旧中国所形成的低生产力水平，决定了东风堰灌区的农业灌溉用水，是以若干条自成体系的截取江流的土质堰渠引水为主，囤水田和平塘为辅，配之以水车和筒车提水的方式来实现的。

在各种因素造就的不具备大规模的、有机统一联系的灌溉条件下，灌区百姓在实践中建成了几十乃至上百条小规模的渠堰。它们当中除市街堰、八小堰、龙兴堰、永通堰、刘公堰、椒子堰、廖家堰以外，其他渠堰灌溉面积普遍不大，多则上千亩，少则数百亩。

这些小型渠堰的设计布置，充分利用了灌区地形坡降较陡的特性，渠道同时具备了输水和排水的功能。加之在灌溉季节时，青衣江、马村河、蟠龙河以及山溪小河通常有丰沛的水资源，输水距离一般在 3 千米以内且与青衣江流向平行，沿途设置 3~5 道分水小堰，相当于今天的斗渠的规模。因此，灌区工程设施就相对比较简单，而且管理也原始粗放。

相对而言，市街堰、八小堰、龙兴堰、永通堰、刘公堰、椒子堰、廖家堰这些具有几千乃至上万亩灌溉规模的渠堰，其灌区工程控制设施就比较健全，具有干、支、斗、农组成的灌排体系。其干、支渠分水节制处往往使用石灰糯米砌条石或者卵石，构筑分水闸门以及必要的低堰。渠道一般为土质，仅在部分干渠上使用石灰糯米砌条（卵）石或干砌条（卵）石护坡，它们的输水距离一般在 8 千米以上，其中，截取蟠龙河水源，灌溉面积 1.25 万亩的椒子堰就达到 10 千米。这些渠堰通常沿途设置 6~10 分小堰，其中部分小堰还设有利用余水供给它堰的沟渠。它们的取水水源相对稳定，工程建设、运行维护等制度也比较完善，是当时夹江东南坝区农业灌溉的骨干渠堰。

整体而言，东风堰灌区各条民堰，在岷河支流上取水和配水工程的主要特点是自然水量分配与工程调整相结合，以分水或引水与节制（水门）工程为主。从渠首到灌区最低级渠道均采用鱼嘴或导流堤的形式自然分水或拦河低堰引水，渠系的布局基本上利用地形形成的坡比，从而以最小的工程投入来实现灌溉目的。

分水工程可以分为鱼嘴和拦河低堰两种。在灌区的上级渠系（干、支渠级）大多采用顺应河道水流的鱼嘴分水，鱼嘴的布置主要由河道江心洲地形、分水流量两个因素来考虑。在水量相对比较缺乏的灌区下游或下级河流上引水，则与河道水流方向成正交或斜交修筑拦河堰，来水水位低时导水入渠、来水水位高时堰顶也同时过流。建筑型式的选择，主要依据渠道地形和引水量的需求决定。

渠首进水口以下设置类似都江堰飞沙堰侧向溢流堰——湃缺来调整水量，见图3-4。湃缺运行时间主要在夏秋季节，这时全灌区渠道处于高水位运行，各堰进水口自流引水，鱼嘴或拦河堰已经不再发挥主要作用，水量调节主要由湃缺来实现。灌区各级河流，最终在夹江东南的甘江镇康中坝处再次汇入青衣江。

图3-4　东风堰总干渠上调整水量的"湃缺"——侧向溢流堰
（东风堰管理处供图）

各条民堰都有自己的水簿。鱼嘴修筑的位置高度，引水渠口段疏浚深度，岁修封堰和春灌开堰的时间，渠堰上水碾设置运行，以及经费收支等均有册录甚至勒石为凭，以兹世代相传，成为灌区管理共同遵守的准则。其中，东风堰的前身——毗卢堰到龙头堰近 300 年中，其工程建设和灌区用水管理，官民之间权利与义务是紧密结合的。就官方而言，在总堰的兴建、岁修、迁址、劳动力组织、费用的征集中始终起着主导作用，在水事纠纷调解和用水秩序维护中具有协调和裁决的权威地位。

（二）中华人民共和国成立以后的工程状况

中华人民共和国成立以后，经过 70 年的统筹、整合、改造、升级，东风堰灌区发生了翻天覆地的变化，形成了有机统一的灌排体系，使得自流灌区的保灌面积由 0.75 万亩上升到 7.67 万亩，成为夹江县以农业灌溉为主，兼有城市防洪、排涝、发电和城市环境用水功能的综合性水利工程。这些成就，源于东风堰灌区人民在党和政府的关怀下、在全县人民的支持下，充分发挥了社会主义制度的优越性，在农田水利基本建设中实行了一系列科学有效的渠系工程设计及灌溉管理制度。

1. 渠系工程科学规划

1952 年，灌区的统筹、改造开始，夹江县水利委员会在渠系规划设计中决定以龙头堰为核心工程来开展。其立足点是基于龙头堰的取水水源为青衣江，且位于整个东南平坝的最上游，在灌区未来的建设发展中其水源有充足的调剂保障。当时有"统诸渠而修总堰"的赞美之词，其中的"诸渠"即指几十条民办小堰，"总堰"即为龙头堰。用"纲举目张"来定义其指导思想最为恰当不过，70 年来的灌区渠系工程演变过程也足以证明，东风堰 12 千米的总干渠即为"纲"，432 千米的支、斗、农、毛渠构织的网络是为"目"，22 座节制闸可谓"结"。

灌区的支、斗、农渠的布置，始终遵循费省效宏、经济合理、统筹协调、因地制宜的科学规划原则。制定目标立足当前、着眼未来、适度超前，为后来的农业综合开发等项目实施留足了空间。田畴改造，要求做到"实行条田化，改造下湿田，建设机耕道；沟端路直桑成行，灌溉排涝相结合"。典型的是 20 世纪 60 年代和 70 年代，开展东干渠的顺山和云甘支渠、西干渠的甘露支渠等渠道改造，东南（云吟、甘霖两公社）大坝近 2 万亩农田的改造，由此而带动的全灌区农田水利基本建设，不仅在"以粮为纲，全面发展"的时代使粮食生产得到高产稳产的保障，更为现代农业的规模发展奠定了坚实的基础。

2. 科技创新有序推进

夹江县新生人民政权建立以后，灌区人民渐进有序地推进技术创新以及新材料、新工艺、新设备的应用，依靠科技进步保障灌溉供水安全。主要举措有：

20 世纪 50 年代，堰头导水堤改单纯使用竹笼卵石堆砌为石灰糯米浆砌卵石与竹笼卵石结合，新建进水节制闸 1 座，在滻江山区修建宿槽水库以增强灌区的灌溉能力和防洪能力。20 世纪 60 年代，在高塝地方建水轮泵站替代繁工费时的水车、筒车，随后又于 20 世纪 70 年代由机电提灌站替代 20 世纪 60 年代的水轮泵站，将石河湾木渡槽改建成圬工渡槽，20 世纪 80 年代又因地制宜地分期建成高填方、圬工、钢筋混凝土等结构形式的渡槽 10 座，以助渠系有机连接。20 世纪 50 年代至 80 年代，陆续建成手动启闭、其建筑材料为水泥砂砌条石（卵石）、配之以钢筋混凝土和钢结构的节制闸 22 座，以此完成灌排系统的重要设施建设。从 90 年代开始截至 2018 年，陆续将这 22 座节制闸全部改造为手动、机电启闭两用，并将主体结构全部改为钢筋混凝土结构、配套建设管理房，为这些重要设施充分发挥作用提供了有力的保障。

21 世纪开始，全面开展续建配套和节水改造项目建设，对灌区干渠、支渠、斗渠进行防渗改造。采用的材料为圬工、混凝土，其中在末尾灌区部分渠道使用了工厂化生产的 U 型混凝土构件，使渠系水利用系数得到有效提高。2019 年，在夹江水文站、龙头河防洪闸、东西干渠枢纽、门坎堰、顺山支渠、云甘支渠等干支渠系的重要工程节点上设置电子监控设备，使灌区节约用水和工程安全运行有了先进的技术支持。

3. 灌溉管理科学有效

东风堰灌区自中华人民共和国成立以来，始终坚持建管结合、不断深化改革、把灌区灌溉管理体制与工程建设同步进行、逐步建立与市场经济相适应的新型管理体制和运行机制，着力提高灌区管理水平和综合效益，实现灌区良性运行和可持续发展。主要体现在：

1950 年，夹江县人民政府发布通告要求："凡我县人民应自觉节约用水，解决纠纷。"组织力量走村入户，处理用水纠纷，合理调配各堰水量。1956 年，推行专人负责、划片包干的管水制度。1962 年，灌区开始执行《夹江县龙头堰管理规章制度》，制度包括灌区各级渠系管理、支渠水量分配、斗渠用水、轮灌日程等共 8 章 23 条。1981 年，农村实行以户营为主的生产责任制，为化解矛盾、协调用水，恢复了一把锄头放水为主的制度。

2000 年开始，东风堰管理处逐步实施与灌区用水户协会合作管理的模式，于 2003 年在甘江镇试点，建立"甘江镇大同村斗渠用水户协会"。2010 年，夹江县人民政府出台《关于加强水利工程灌区管理工作的意见》，以此推动在灌区乡（镇）、村各级中，依据《中华人民共和国社会团体组织法》的规定，订立章程依法成立农民用水户协会。其服务宗旨以用水户为核心，以"群策群力、团结协作、共同发展"为根本，接受灌溉机构、水行政机构和民政机构的业务指导和监督管理。由此，灌区用水开启了政府组织与民间组织共同协调管理运行的现代服务模式，进入依法治水、科学管水、民主用水的新时代。

第三节　灌区与水文化

东风堰灌区以其优越的自然条件，从古代的稻作、麦作农业，发展到以粮油生产为主，兼以蔬菜、水果、药材、水产等多种经营的现代化农业经济产业区。傍水而居达至开埠兴邦，是中国农耕文明发展的特征之一。同人类生存发展的其他地方一样，东风堰灌区人民从古至今依靠这块土地获取食物而生存繁衍，其根本保障是必要和适量的灌溉用水。从情感层面和精神实质出发，自然而然地对水产生了敬畏崇拜并不断地传承和发扬，这就是以水为核心引发的区域内社会各种意识形态——包含但不仅限于灌区的水文化。而水文化的重要分支——水利文化，则是在治水观念、水利建设、水利制度等方面使人与水协调的文化理念和行为展示，体现在水利效益、经济效益、社会效益有机统一的发展意识。

一、灌区相关文化资源

夹江山川俊美，钟灵毓秀；人杰地灵，历史悠久。唐初即有"川西玉带"美誉的青衣江（又名平羌江）自西北向东南穿过境内，唐代大诗人李白吟咏的"峨眉山月半轮秋，影入平羌江水流"，指的就是这里的自然胜境。新石器时代，夹江这块土地上就有原始先民活动的踪迹，几千年来留存了价值十分突出、具有典型区域特征和宗教特色的历史文化和风景名胜。

仰赖着青衣江的东风堰，是水利文化与佛教文化和谐共存的典型范例，必然被这些深厚的文化积淀和人文精神渗透到灌区建设运行的方方面面，不仅对它的可持续发展产生重要的影响，亦会因它产生的水利文化反哺这些文化和精神的母体。尤以其衍生出的许多颇具特色的题刻，见证了东风堰灌溉工程在区域历史文化中的重要地位，展现了传统水利与当地文化的深度融合。

（一）全国重点文物保护单位

1. 千佛岩摩崖造像

千佛岩摩崖造像位于四川省乐山市夹江县城西北五里"两山对峙，一水中流"的地方，作为源自唐代的历史文物，2006 年被国务院批准列入第六批全国重点文物保护单位名录。千佛岩摩崖造像，密集分布在铁石关下栈道右边临江陡峭的崖壁上，历史上原有佛像 271 龛，4000 多尊，所以称作"千佛岩"，见图 3-5。千佛岩摩崖造像镌造至今历经沧桑：明代以前两次塌方损毁了部分佛像，长期的风雨剥蚀使许多佛像表层脱落，20 世纪六七十年代"文革"时期遭到人为破坏，以及历代的开山打石和盗窃佛头，竟使1000 余尊精美的佛像荡然无存，现仅存石刻造像共 2471 尊。

这些摩崖造像略早于乐山大佛，兴盛于唐、延及明清。但与乐山大佛不同的是，千佛岩的这些摩崖造像基本上是由民间自发镌造的，因而内容更加丰富多样，艺术形象也更加多姿多彩。造像中最大的弥勒像龛，佛高 2.7 米，其造型优美、比例适度，姿态与乐山大佛相似；二胁侍菩萨服饰华美、衣纹流畅、肌肉丰硕，体积感很强。这些佛像排列错落有致，少则独占一龛、多则上百尊集于一龛，大可近丈、小不及尺，造型优美、技艺精湛、姿态各异、绚丽多彩，显示了中国古代高超的石刻艺术水平。其中的弥勒坐佛龛、净土变龛、天王龛及多龛观音像龛，都是盛唐造像的精品，见图3-6。

图3-5　千佛岩悬崖峭壁上的明代题刻"千佛岩"
"万象庄严"（张致忠 摄）

图3-6　千佛岩唐代摩崖造像群（张致忠 摄）

千佛岩摩崖造像历来保护有加：宋、明两代多次建造建筑物保护佛像，现在岩壁上还可见出山悬檐的痕迹。因佛像"面目头颅毁损剥落"，清康熙年间主政者王定发曾给予大规模的修补，但事与愿违。清嘉庆年间，县令王佐在千佛岩镌刻了"禁止上下一带开厂打石如违严究"的文物保护禁令，这是千佛岩最早的文物保护官方告示，亦属我国历史上著名环境与文物保护范例，见图3-7。

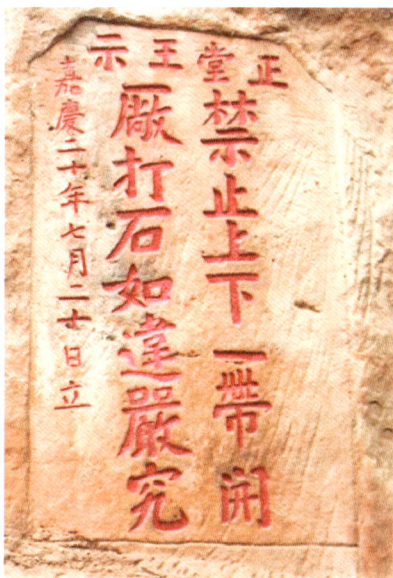

图 3-7　清嘉庆年间知县王佐镌刻的保护文物告示（卢露 摄）

尤其是民国时期修建的"穿山堰"，可谓水利建设中对文物保护的经典之作。1930年，东风堰堰首从龙脑石下游100米处上延至4千米外的石骨坡，渠道需经过千佛岩摩崖造像群。为避免对千佛岩摩崖造像群造成破坏，以县长胡疆容、乡绅朱正章为代表的官方和民间组织增大投入、不畏艰险、穿山凿石，让被牵引而来的淙淙青衣江水从石龛下隐身而过。为褒扬这件善举，夹江民众称这段长约400米的总干渠为"穿山堰"，亦称"胡公堰"。

自此以后的历代堰工们，在维护"穿山堰"上下共2千米范围的渠道时，对材料和施工方式的选取，始终采取与千佛岩景区相互协调包容的方案。正是如此的代际传递，才有了堰流蜿蜒多姿、浪花飞溅，与石龛造像交相辉映、融为整体，构成青衣江畔动静相宜的清流吟唱千尊佛的历史文化靓丽景观。

2. 东汉晚期杨公阙

　　杨公阙位于东风堰灌区的甘江镇双碑村，建于东汉晚期，为三国时期益州太守杨宗的墓阙。2006 年，杨公阙被列为第六批全国重点文物保护单位。杨公阙为红砂岩石质，坐南向北、双阙并立、相距 13 米，阙高 4.86 米、底宽 1.25 米、厚 0.88 米。阙体呈方形，分为阙身、阙楼、阙盖三部分。阙楼较阙身宽大，四周有梁、枋、斗栱等多种雕刻。双阙阙盖为单檐庑殿顶式样，四周刻瓦当和葵瓣纹饰。

　　双阙中的西阙阙身镌有"汉故益州太守杨府君讳字德仲墓道" 15 字，曾因自然倒塌无人问津多年。南宋淳熙年间（公元1174—1189 年），县令杨仲修主持依原件重新竖立，并作柏梁体七言古诗以记其事。

　　杨公阙各种仿木结构建筑部件雕刻，为研究汉代建筑提供了实物资料。《中国汉阙》记云："我国现存阙 30 余处，其中祠庙阙 6 处，余均为墓阙，这些阙多数是汉代遗物，也有少数三国至晋之物。"所以，杨公阙的历史文物价值十分珍贵，见图 3-8。

图 3-8　东汉晚期杨公阙（张致忠 摄）

（二）国家级非物质文化遗产

1. 夹江竹纸

夹江县是中国书画纸之乡，竹纸制作技艺被列为国家级非物质文化遗产。夹江手工造纸始于唐、继于宋、兴于明、盛于清，拥有一千多年历史，素以质量佳、技术精、品种多、宜书宜画、历史悠久而载誉巴蜀。康乾时期，更成为"贡纸"和"文闱卷纸"，抗战时期，夹江手工造纸生产达到鼎盛，年产量约 8000 余吨，居全国之冠。

20 世纪 40 年代，国画大师张大千先后两次来到夹江马村石堰，与纸农石子清共同研制出著名的"蜀笺""莲花笺"大风堂专用书画纸。近现代中国著名书画家们也对夹江书画纸予以高度评价，与安徽宣纸同被誉为"中国有宣、夹二纸，堪称二宝"。夹江手工造纸以"保持传统技艺最完整，工艺最精，产量最大"而誉满全国。

2006 年，夹江竹纸制作技艺成功申报为首批国家级非物质文化遗产，2008 年文化部授予夹江县"中国民间文化艺术之乡——书画纸之乡"称号，2012 年 10 月，夹江书画纸获国家地理标志保护产品，制定并发布了夹江书画纸地方标准。夹江传统手工造纸技艺曾多次到美国、加拿大、意大利等国家展示，被誉为"东方艺术瑰宝"。

夹江竹纸制作技艺保护传统工艺最为完整，从选料到制成纸共有 15 道环节，72 道工序，凝结了华夏人民的科学智慧。夹江县清代道光年的《蔡翁碑叙》将夹江传统手工造纸工艺概括为"砍其麻、去其青、渍其灰、煮以火、洗以水、舂以臼、抄以帘、刷以壁"

二十四字，见图 3-9、图 3-10。

图 3-9　夹江竹纸——篁锅蒸煮竹麻（张致忠 摄）

图 3-10　夹江竹纸——抄纸（张致忠 摄）

2. 夹江年画

2008 年，夹江年画成功申报为国家级非物质文化遗产，其历史悠久，是自宋《开宝藏》以来四川精良雕版印刷技艺的活化石。

它的色彩错综交叉而不显纷乱，相互映衬且悦目赏心，展画有如兰馨扑面而来，心襟为之快然，见图3-11、图3-12。

图 3-11　制作夹江年画的木刻板（夹江年画研究所供图）

图 3-12　夹江年画——鲤鱼跳龙门（夹江年画研究所供图）

213

夹江年画表现内容以农耕文化为代表，取材于民间而不拘泥于现实生活，不受时间和空间的限制，对表达的内容高度概括、形象夸张，有祖象类、门神类、山水花鸟、戏曲人物、神话传说等，同时也有反映民间生活、针砭时弊之窗画。但喜庆吉祥是夹江年画的主题，形成了祥和欢乐、祈盼富贵平安的特点。

夹江年画在明代万历、天启年间已有生产；至清代逐渐繁荣，有大小作坊二十多家；民国时期，夹江年画内容近百种，产品远销湖广、云贵及东南亚。夹江年画的纸张制作工艺为以本地出产的竹纸经上矾晾干后，上甑子蒸熟后再次晾干，刷上特有的贝子泥后经晾干平整、打磨等工艺后方成印制年画的粉笺纸。

夹江年画研究所成功研发出夹江年画之天然植物颜料的提取技艺、夹江年画印版雕刻技艺、夹江年画彩色套印技艺、粉笺的制作技艺等非遗技艺。

（三）其他文化资源

1. 夹江古十景

灵泉白蟹：县西十里，千丘观之左，为十景之一。源出山巅甘泉，流溢中有仙蟹潜伏，见则为瑞。孤峰绝顶，水极澄清，经冬不涸。

弱漹晚渡：县十景之二，皇甫坦清修处。其名源自弱漹古镇，相传有神仙夜渡之异。

千佛胜境：县十景之三，赤壁深潭，奇险幽峻。唐时刻千佛其上，妙丽庄严，今多剥落。

安国禅院：县十景之四，即毗卢寺，建于唐代，背后为云吟山。

化山瀑布：县十景之五，悬崖飞泻，望如素练。

九盘羊肠：县十景之六，其山九折，环绕江上，为县治之屏蔽。

凤凰翱翔：县十景之七，山势若凤飞舞，相传有凤会翔于上，故名。

牛仙古迹：县十景之八，相传昔时建寺时牛用力为多，工成牛便仙去，蹄迹尚存；又有，其脱化地也。

文昌古祠：县十景之九，原属仙迹。

龙脑巨浪：县十景之十，在千佛岩下，每春夏水涨惊涛奋迅，溅沫扬波。及水落石出，则头角崭然，宛如龙脑。

2. 千佛岩周边主要史迹

（1）古泾口

在千佛岩万象亭傍山一侧的石壁上，镌刻着"古泾口"三个苍劲有力、庄重古朴的大字，见图3-13。题写者张庭，为明代正德、嘉靖年间的夹江本地先贤，别号五兀山人。他出身进士、官至吏部郎中，由于持正秉公、选贤任能、革新吏治，遭到诬陷中伤罢职，回乡后办有"五兀书院"，著有《五兀存稿》《元览要略》《夹江志》等，可惜散失无存。

图3-13　明代夹江人张庭所书"古泾口"（卢露 摄）

公元前316年，秦惠文王遣司马错灭蜀，其时青衣江、大渡河流域尚被强悍的丹犁部族控制。蜀王残部归附丹犁联合抗秦，蜀南一带屡遭袭扰。秦国为巩固蜀郡，公元前310年挥师伐丹犁，丹犁大败后余部退守雅安一带。据《华阳国志》记载："是时，戎伯（即指丹犁）尚强，乃移民万家实之。"

以此巩固新征服地区的统治，此为四川历史上的第一次大移民，称之"十万秦民实蜀"。据记载：迁居蜀地的秦人来自陕西省关中平原的泾水流域，他们念念不忘故土，常常思念家乡"泾水"。官方为了抚慰徙民的思乡之情，就假托青衣江为秦中泾水之源头，因而把千佛岩峡口视作"泾口"，以此称其新居之地，随着时光推移，后来人就把它称之为"古泾口"，见图3-14。这些由泾水流域迁徙的移民带来先进的水利文化，他们的麦作农业与水稻沼泽农业技术，推动了夹江农业发展和人口繁衍。汉高祖刘邦在南方安定后，置南安县赐予功臣宣虎为食邑，因此千佛岩峡口又称"南安峡口"，是夹江的风水宝地。

图3-14　古泾口风光，左上角为张庭所书"古泾口"三个大字，
左下角步道为明清栈道，右下角为青衣江中的龙脑石
（张致忠 摄）

　　其实，东风堰的前身毗卢堰与著名的郑国渠还有历史渊源。在这里，四川的青衣江与陕西的泾河，又因水利工程的兴建而再次有了跨越时空的对话。毗卢堰最终的归宿与关中引泾工程郑国渠相同，这是因为青衣江与泾河类似。秦国的郑国渠因泾河不断下切，在两千多年的时间里引水口上游迁移约50千米，直到1932

年泾惠渠建成，泾河上建拦河大坝，渠首引水口进入上游库区取水。毗卢堰始建者王士魁的家乡陕西三原是郑国渠灌溉的受益区，作为清朝统治四川后夹江县第一任县令，他上任伊始便带领绅民在青衣江的最后一个峡口——"古泾口"下游用竹笼填石筑堰引水建成了毗卢堰。在毗卢堰变迁到东风堰的过程中，也因青衣江河床不断下切，在三百多年的时间里引水口向上游迁移约 11 千米，直至 2008 年千佛岩电站建成，渠首与其附属电站尾水衔接引水。

（2）龙脑巨石

古泾口山岩下的青衣江中，有一块独立的巨礁，宛如龙头出水，顶端双洞犹似鼻孔，县人称为龙脑石。史料记载："龙鼻耸峙于南，仙掌环绕于北，路当孔道，水陆交冲。"在青衣江的水运时期，龙脑石发挥了重要的导航作用。1900 年，毗卢堰将取水口从龙吼滩处上迁至龙脑石下游 100 米处，由此易名龙头堰，见图 3-15。

图 3-15 青衣江龙脑沱中的龙脑石（张致忠 摄）

明代崇祯丙子年（公元 1636 年），嘉定知州郭卫宸曾以《江头石》为题赋诗一首："江头一块石，独立不能移。相彼波流者，谁将砥柱之。而渔纲竞急，以济舟难迟。丈日观其变，疑听其所思。"郭卫宸所处的时代，已是政腐官贪，国力式微。他公干之余，来此云遥吊古，睹物生情，把这块江中巨石视为中流砥柱，呼吁在那风雨飘摇的时代出现力挽狂澜、扶大厦将倾的国之栋梁。

（3）铁石关坊

千佛岩望龙坪前，有一座叫"铁石关"的牌坊。牌坊南临百尺深渊，北依千仞绝壁，所在位置是古代的铁石关遗址。铁石关古栈道不仅是陆路要塞，且凭仗其险要地形，与江对岸的陡峭岩壁隔河对峙，形成一道天然屏障，扼守着一江清流。《三国志》和《华阳国志》上记叙的南安峡口伐黄元之战，就发生在这里，见图3-16、图3-17。

图3-16 图中"南安峡口"即为千佛岩峡口（张致忠 翻拍）

（4）秦汉栈道

秦汉古路连古今，峭壁犹存栈道痕。大观山下悬崖绝壁上濒临江水的秦汉古栈道遗迹，一直是上连雅州（雅安）下达嘉州（乐山）的重要通道，历代续有修葺。这段古道有上下两层。上层高于现在路面一丈左右，还留存着一排古栈道的主梁孔洞，在东西

图 3-17　铁石关（卢露 摄）

35 米的崖壁上现存孔洞 7 个。孔洞为正方形，边长 0.5 米、深 1 米，与川陕古栈阁、长江三峡栈道的梁孔形状和布局相似，是青衣江流域罕见的古道遗迹，这段沿江道路是历史上有名的"南安平乡明亭大道"其中的一段。下层是隋唐以后修筑的石砌道路，它历经千年风雨依然保存着原有的风貌，后来的人们又称之为"茶马古道""明清栈道""嘉阳驿路"，见图 3-18、图 3-19。在这里，那被往来行人踩踏磨损的痕迹，向人们倾诉着它的古老；那栈道之下淙淙堰流欢快地奔向九乡，向人们展示着它的新颜。

图 3-18　秦汉古栈道遗迹（崖壁上开凿的方孔）（张楠 摄）

图 3-19　秦汉古栈道遗迹及后来的"明清栈道"，东风堰从山崖中穿过（文智勇 摄）

（5）水利题刻

千佛岩上，有琳琅满目的历史题刻，其中不少与水有关，成为千佛岩重要的历史文化景观，具有独特的水文化价值。尤其是清代及民国时期众多的水利题刻，见证了东风堰的发展历史，反映出古堰修建、管理、运用中官方与民间组织各自发挥的作用，以及对夹江地区民生所产生的重大影响。治水碑刻与石窟造像并存，既传播了灌溉文明，又深化了灌溉工程的文化内涵。

如，千佛岩濯缨堤下有一处明代题刻"禹跡千秋"，见图 3-20，"禹跡"原指大禹治水的足迹遍布九州，这里借歌颂大禹治水的功绩，来赞扬建设夹江水利的先贤，反映出当时夹江人民大兴水利的盛况，寓意出水利建设乃民生接力的重要举措；在栈道遗址之上的题刻"山高水长""泽润生民"见图 3-21、图 3-22，是康熙三年（公元 1664 年）县令王士魁为表彰乡绅江滨玉、向逢源等人协助官方组织民众修建毗卢堰和凿箕堰的功绩；"胡公堰"题刻，见图 3-23，是为铭记民国县长胡疆容顺从民意穿山开堰引来活命之水的功德，而由百姓自发镌刻；在灵泉古渡下方不太醒目的地方题刻的"河润九乡"，其旁小字依稀可辨"依道使民处，源头活水来"的题刻，告诉人们"修筑堰渠向百姓派工，这是依据古道行政；堰渠引来了活命之水，农民自然得到实惠"，简洁明了地诠释了在水利建设中受益与负担的关系。

图 3-20　水利题刻"禹迹千秋"与东风堰输水隧洞口（文智勇 摄）

图 3-21　水利题刻"山高水长"（卢露 摄）

图 3-22 水利题刻"泽润生民"（卢露 摄）

图 3-23 水利题刻"胡公堰"（张致忠 摄）

（6）万咏崖

千佛岩胜景还有一绝，位于古栈道西端，垂直挺立于青衣江边，在刀切斧裁般的岩壁上镌刻着琳琅满目的历史题刻，被称为"万咏崖"。在这片岩壁高出古栈道路面一丈多的地方，镌刻着"万咏崖"三个如桌大字，见图 3-24，题书者是明代嘉靖十三年（公元 1534 年）考中举人的夹江人宿光溥。这片悬崖绝壁上、深凹石窟中，遍布横题、竖书、长词、短诗，大大小小、字体多样，不乏笔力遒健、雄浑秀美之作。这些题刻，集中于明代，清代多有续增，也有部分近现代之作。它们或赞山水并秀、或抒览胜情怀，不乏辞美意雅；有的是诗友唱和之作、有的是纪游辞赋，如"江山图画""名山巨川""拥明竞秀""月白清风""逝者如斯"等。其中，最引人注目的是"万咏崖"三字的左下方的"振衣冈"三个如桌大字。题刻"振衣冈"，见图3-25，由明代嘉靖二十一年（公元1542年）巡按四川监察御史上虞人谢瑜题、吏部文选司郎中夹江人张庭书，典出晋人左思《咏史》的名句："振衣千仞冈，濯足万里流。"意在提醒人们要保持自身高洁、去除世俗尘污，不失为山水文化引出的廉政警言。

图3-24 明代夹江人宿光溥题刻的"万咏崖"（张致忠 摄）

图3-25 明代夹江人张庭书写的"振衣冈"（张致忠 摄）

（7）聚贤街

穿过夹江千佛岩牌坊，是一条东西走向的街道——聚贤街，是隋至唐初县治所在，有"泾上旧治"之称，见图3-26。它依山傍水，几十户人家所居多为明清风格的传统民居。古往今来，青瓦木屋、古意依然的聚贤街是名副其实的哲人贤士聚会之所，留下了不少文人墨客的足迹。公元768年，唐代著名边塞诗人岑参任嘉州刺史时到夹江公干，就曾住在聚贤街官署，并以"江行夜宿龙吼滩，临眺峨眉隐者，兼寄幕中诸公"为题作五律一首抒怀。

图3-26　有"泾上旧治"之称的聚贤街（张致忠 摄）

3. 随古堰存留的二郎庙

在距夹江县城东南十五千米，位于东风堰尾水汇入青衣江处的碧云山（古称九盘山），为夹江县风景名胜 "九盘羊肠"。此处扼守古代嘉阳驿路，为青衣江要津。其形势险要、风景秀丽、不同凡俗，文人雅士经此多感兴题咏。宋代名士杨犟所著《碧云亭记》刻画此地风物，极尽其胜。

碧云山上现存有建于清代的二郎庙，原为李冰及二郎神祭祀之处，二郎神为隋嘉州太守赵昱。二郎庙的始建年代久远，已不可细考。据二郎庙里所存清代道光六年（公元1826年）重新修建川主祠的碑文记载："川主祠重建于康熙九年（公元1670年）。"后又以为"庙貌不巍峨" "栋宇不宏阔"，于嘉庆二十四年（公元 1819 年）重建，现二郎庙所存二郎正殿即此。正殿计 6 柱 5 间，长 17 米、深 8 米、高 7 米，为单檐歇山式无翘鳌建筑，木质穿斗结构。

二郎庙在清代被官方改称川主祠，但民间仍习惯称之为二郎庙。主要祀奉"功在蜀郡，泽沛川民"的治水先贤李冰父子，以及隋代嘉州太守赵昱。庙内除供奉被称为川主的李冰父子、赵昱的塑像外，还塑宋代名医皇甫坦等历史人物，以及玉皇、王母、火神、财神、谷王诸民间神祇塑像，见图 3-27、图 3-28。

图 3-27　碧云山上建于清代的二郎庙（张致忠 摄）

图 3-28　二郎庙中的李冰父子塑像（张致忠 摄）

二、 灌区祭祀文化——节庆与民俗

清雍正五年（公元1727年），敕封李冰为敷泽兴济通佑王、李二郎为承绩广惠显英王。四川人民尊李冰为川主，夹江人民历来崇敬和祀奉李冰父子。1685年以前，在毗卢堰堰首附近的黑虎山脚，建有"川主庙"供奉"功在蜀郡，泽沛川民"的李冰父子，因其地方狭窄，清乾隆四十三年（公元1778年）迁于城内察院街行台旧址。在千佛岩灵泉古渡旁的夹江水文站，原是建于清代初期的萧公庙旧址，当时供奉着水神肖公，往来商旅必在此祭祀祈祷平安。在九盘山建有"二郎庙"，以此世代祭祀李冰父子、赵昱等治水有功于民的人。

在夹江，每年举办的祭祀活动有严格的规制，均由本地主政官员带领幕僚、乡绅和百姓参加。雍正四年（公元1726年）奉旨建修先农坛，以供每年的春仲月举行耕藉祭仪，见图3-29。清代

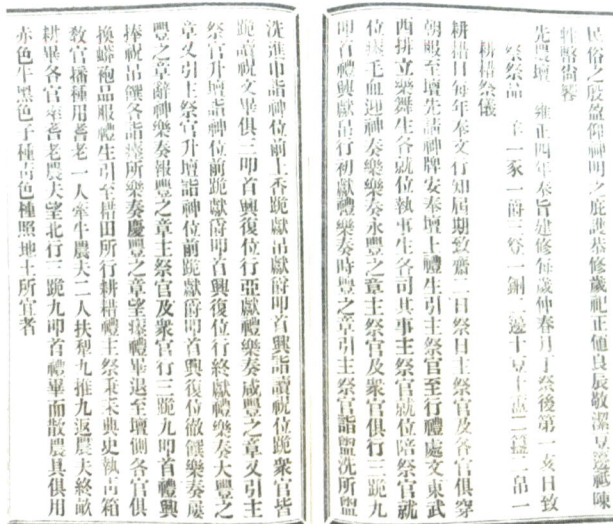

图3-29　民国本《夹江县志》有关耕藉祭祀仪式的记载
（张致忠 翻拍）

修建的川主庙、龙神祠，在每年的春仲、秋仲举行致祭活动。二郎庙除在每年的春仲、秋仲致祭李冰父子和赵昱外，还在每月的农历初一、十五及六月举办"川主会"，此时万众聚首、热闹非凡。此外，毗卢堰等具备一定灌溉规模的渠堰，每逢春灌之际都要举行专门祭祀，届时大摆酒席，衣冠整齐的乡绅、堰工，在时任县令（知县）的主持下参加开堰活动。诸如此类，充分表明了夹江人对农耕文化、水文化的笃诚和膜拜。

民国版《夹江县志》记载了夹江县有关农耕和水利方面的祭祀规制，祭文通常按照全国要求照章行知，抑或根据本地情况补充，现照录于下：

先农坛：雍正四年（公元1726年）奉旨建修，每岁仲春月丁祭后第一亥日致祭。祭品有羊一、豕一、爵三、登一、铏二、笾十、豆十、簠二、簋二、帛一。

耕藉祭仪：耕藉日每年奉文行知，届期致斋二日。

祭日主祭官及各官俱穿朝服至坛，先请神牌安奉坛上。礼生引主祭官至行礼处，文东武西排立，乐舞生各就位，执事生各司其事，主祭官就位，陪祭官就位。瘗毛血，迎神，奏乐，乐奏永丰之章，主祭官及众官俱行三跪九叩首礼，兴，献帛。

行初献礼，乐奏时丰之章，引主祭官诣盥洗所盥洗。进巾，诣神位前上香，跪，献帛，献爵，叩首，兴。诣读祝位跪，众官皆跪，读祝文毕，俱三叩首，兴，复位。行亚献礼，乐奏咸丰之章，又引主祭官升坛，诣神位前跪，献爵，叩首，兴，复位。行终献礼，乐奏大丰之章。又引主祭官升坛，诣神位前跪，献爵，叩首，兴，复位。

彻馔，乐奏屡丰之章。辞神，乐奏报丰之章，主祭官及众官行三跪九叩首礼，兴。捧祝、帛、馔各诣瘗所，乐奏庆丰之章，望瘗礼毕，退至坛侧。各官俱换蟒袍品服，礼生引至籍田所，行耕籍礼。

主祭秉耒，典史执青箱，教官播种，用耆老一人牵牛，农夫二人扶犁，九推九返，农夫终亩。耕毕，各官率耆老农夫望北行三跪九叩首，礼毕而散。农具俱用赤色，牛黑色，子种青色，种照地土所宜者。

迎神　永丰

勾芒秉耒，土牛是驱；惟神歆止，苍龙驾车。念彼田畴，民命所需；生成有德，尚式临诸。

初献　时丰

先农神哉，耒耜教民；田祖灵哉，稼穑是亲。功德深厚，天地同仁；肃将币帛，肇举明禋。厥初生民，万汇莫辨；神锡之麻，嘉谷乃诞。执兹醴齐，丰功益见；玉瓒椒醑，肃雍举奠。

亚献　咸丰

上原下隰，百谷盈止；粒我蒸民，良莠兴起。乐舞具备，吹豳酌兕；再跻以献，肴馨酒旨。

终献　大丰

糜苣秬秠，惟神所贻；以神绥神，曰予将之。秉耒三推，东作允宜；五风十雨，率土何私。

彻馔　屡丰

于皇农事，自古为烈；莫敢不承，今兹忻悦。笾豆既丰，簠簋云洁；神视井疆，执事告彻。

辞神　报丰

麻麦芃芃，黍稻连阡；纵横万里，皆神所瞻。人歌鼓腹，史载有年；岁有常典，芾禄绵绵。

捧祝帛馔各诣瘗所　庆丰

玉版苍币，来监来歆；敬之重之，藏于厚深。典礼自古，予行至今；乐乐利利，国以永宁。

祭文：

维　神肇兴稼穑，粒我蒸民。颂思文之德，克配彼天；念率育之功，陈常时夏。兹当东作，咸服西畴。洪惟九五之尊，岁举三推之典。职等恭膺守土，敢忘劳民，谨奉彝章，聿修祀事。惟愿五风十雨，嘉祥常沐于神麻；庶几九穗双歧，上瑞频书乎大有。尚飨。

坛壝之制，按会典载：地广袤二亩有奇，坛方二丈五尺，高三尺四寸，陛各三级，坛前九丈五尺周绕以墙，长四十五丈。石主长二尺五寸，方一尺，埋于坛上，正中近南二尺五寸，露圆尖于外。神牌用木，高二尺二寸，阔四寸五分，座高四寸五分，阔八寸五分，朱漆青字，祭毕藏之。

先立春一日，长官率僚属于东郊祀勾芒之神，名曰迎春。归驻署仪门外，至日祭勾芒毕，长官击鼓三声，执采鞭率各官环击土牛。考月令，四时皆有迎气礼，独著迎春者，遵汉制重气首也。《礼记》，季冬大傩，出土牛以送寒气。今迎春搏土为牛，其色视年月干支，作芒神肖田事，而青衣前导，百戏具陈，非兼以宣通气候，引导阳和耶。

民国三年（公元 1914 年）十二月，中央教育部颁定：除祀孔祀神各典礼均仍照旧外，惟迎春鞭春不无陋习，此后先立春一日，但于东郊致祭勾芒，用劝农作，其余删除。

雩祭

乾隆七年定，每岁孟夏行常雩礼，不另立雩坛，即于先农坛行礼，并合祀社稷山川诸神牌位。

祭文：

某官　恭膺诏命，抚育群黎。仰体彤廷保赤之诚，勤农劝稼；继兹菑畬资生之本，力穑服田。令甲爰颁，聿举祈年之典；惟寅将事，用申守土之忱。黍稷惟馨，尚冀昭明之受赐；来牟率育，庶俾丰裕于盖藏。尚飨。

禜祭

乾隆七年（公元1742年）定，旱岁祭云祈雨，潦则禜祭城门祈晴。

祭文：

某承　诏命临民，职司守土。惟兆人之攸赖，并藉神功；冀四序之常调，群蒙福荫。必使雨赐应候，爰占物阜而民安；庶其寒燠咸宜，共庆时和而岁稔（音忍）。仰灵枢之默运，聿集嘉祥；襄元化以流行，俾无灾害。尚飨。

清乾隆七年（公元1742年），礼部议复御史徐以升条陈祈雨事宜一摺，奏准敕下各省督抚，转饬各府州县，孟夏择日行常雩礼，或有亢旱，每七日先祭界内山川，次祭社稷。致斋虔祷雨泽。不得用大雩礼，亦不得另设雩坛，即于社稷籍田等处，恪恭将事。或淫潦为灾，则伐鼓用牲，禜祭城门以祈晴霁；仍雨不止，则伐鼓用牲祭于社，毋庸于各坛祈祷。若僧道建坛讽经，乃宋时相沿旧习，于寺观祈晴雨，建置道场，实非经义古制，应即停止。

雩禜之礼，《月令仲夏》："命有司为民祈祀山川百源。大雩帝，用盛乐。乃命百县雩祀百辟卿士有益于民者，以祈谷实。"雩以乐为主，取通阴阳之气也。

龙神祠祭文

每岁春、秋仲月辰日致祭：

维 神德洋寰海，泽润苍生。允襄水土之平，经流顺轨；广济泉源之用，膏雨及时。绩奏安澜，占大川之利涉；功资育物，欣庶类之蕃昌。仰藉神庥，宜隆报享；谨遵祀典，式协良辰；敬布几筵，肃陈牲币。尚飨。

川主庙祭文

每岁春、秋仲月辰日致祭：

维 神职司水利，泽沛全川。功凿离堆，永昭垂夫宇宙；德同神禹，咸利赖夫国家。既有功于人民，允宜登诸祀典。兹当仲春（秋），爰具馔仪；聿伸虔敬，伏维尚飨。

二郎庙祭文

某年月日某官致祭于敕封承绩广惠显英王之神前曰：

维 神西川绩著，北阙封隆。玉垒山前，曾救沉灾之患；云吟江畔，复纾岁旱之忧。惠泽著乎千秋，馨香宜其百世者也。某等职司保障，幸托岵嵝。念夹邑民务农桑，业勤耕织。处处鸠鸣春雨，蚕筐储染绿之丝；年年雁渡秋风，狼粒积陈红之粟。虽云人力，实赖神庥。兹际绣陌花红，漹江草绿（秋仲月祭祀：霜染枫丹，露横江白）；虔修祀事，敬具微仪。欲酬山海高深，难言李报；用肃春秋祀典，聊表葵倾。伏冀惟 神有灵，清洁荐苹蘩之采；与民同乐，瞻依庐苍赤之欢。用竭蚁忱，曷胜鳌戴。谨告。

第四章　世界灌溉工程遗产与东风堰

第一节　历史的瞬间

世界灌溉工程遗产是国际灌溉排水委员会（ICID）在全球范围内设立的专业类遗产项目，其目的是更好地收集古代灌溉工程的相关资料、了解灌溉发展史及其对文明的影响、学习古人可持续性灌溉的智慧、保护珍贵的历史文化遗产。

2014年8月7日，乐山市水务局、东风堰管理处收到邀请函，要求派代表参加2014年9月14日至20日在韩国举行的第22届国际灌排大会暨国际灌溉排水委员会（ICID）第65届国际执行理事会。据悉，共有29个项目申报首批世界灌溉工程遗产评选，国际灌排委组织了来自不同国家的专家对项目进行了评审，获专家一致同意的项目将提交本次大会，由各成员国代表投票决定首批世界灌溉工程遗产名单。

2014年9月12日，郑志平、文智勇到达北京。13日晨，到首都机场与国家灌排委员会和中国水利水电科学研究院领导、专家会合，同机飞往韩国首尔仁川国际机场，再转乘汽车前往会议地光州。

2014年9月14日上午9点，光州。第22届国际灌溉排水大会暨国际灌溉排水委员会（ICID）第65届国际执行理事会在金大中会议中心开幕。此次首批申报世界灌溉工程遗产项目，共有来自8个国家和地区的29项工程。在上午的会上，时任水利部副部长李国英代表中国四个申遗单位进行了陈述，见图4-1。下午，国际灌溉排水委员会（ICID）专家组开始展开对申报世界遗产工程的评估、评审工作。评审会期间，与会人员参观了来自世界各地的农田机械及有关农业水利方面的先进技术展。

图4-1　时任水利部副部长李国英，在大会上为中国四处申遗
工程作陈述（文智勇 摄）

2014年9月16日上午9点，会议进入宣布评选结果议程，由ICID主席高占义主持，副主席、也是评审专家委员会主席Ragab先宣布落选工程名单、并作落选理由说明，接着宣布17个工程被列入首批世界灌溉工程遗产名录。17个入选工程中，中国4项世遗入选工程排在前四位，东风堰位列第一。依序是：四川乐山东风堰、浙江丽水通济堰、湖南新化紫鹊界梯田、福建莆田木兰陂。宣布遗产名录后，郑志平代表中国东风堰等4项世遗入选工程，从主席高占义手中接过证书，并接受几位ICID副主席的祝贺，同

他们合影留念，见图 4-2 至图 4-8。

国际灌排委员会对东风堰的评价为："东风堰是可持续运行及管理的优秀范例，在过去的 350 年里为当地的生态保护和发展做出了卓越贡献。"

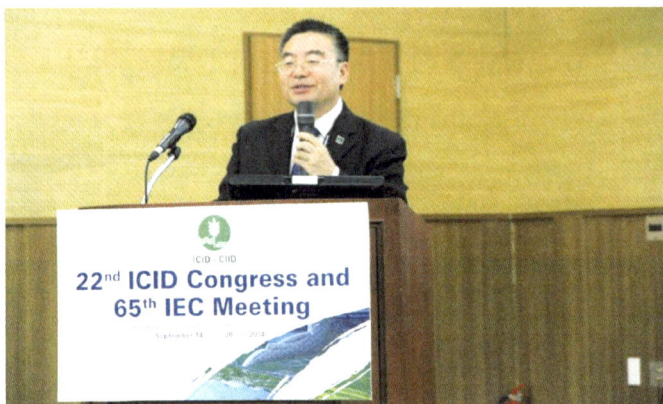

图 4-2　时任国际灌排委员会（ICID）主席高占义主持全体会议，发布首批世界灌溉工程遗产名录（文智勇 摄）

图 4-3　ICID 副主席、首批世界灌溉工程遗产评审委员会主席 Ragab Ragab 宣布首批世界灌溉工程遗产名录（文智勇 摄）

图 4-4　东风堰被公布为首批世界灌溉工程遗产（文智勇 摄）

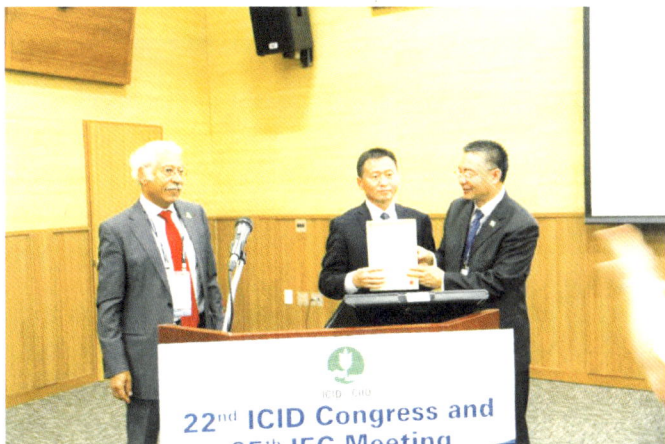

图 4-5　ICID 主席高占义（右）、副主席 Ragab Ragab（左）
向乐山市水务局局长郑志平颁发东风堰获得
世界灌溉工程遗产证书（文智勇 摄）

当天，郑志平、文智勇第一时间在现场把东风堰申遗成功的消息传回国内。9月16日下午，乐山市水务局赓即举行新闻通气

图 4-6　2014 年 9 月 16 日，东风堰获世界灌溉工程遗产后，
ICID 主席高占义（左四）与大家合影（名单左起：文智勇、郑志平、
谭徐明、高占义、李云鹏、王力、丁昆仑、高黎辉）
（中国水科院水利史研究所供图）

图 4-7　成员国代表合影（文智勇 摄）

会发布了这一喜讯，全市一片欢腾！次日，东风堰入选首批世界灌溉工程遗产的消息迅速占据了当地各大报纸的头条。2014 年 9 月 16 日这一天，对于东风堰来说，是一个永铸史册的日子！

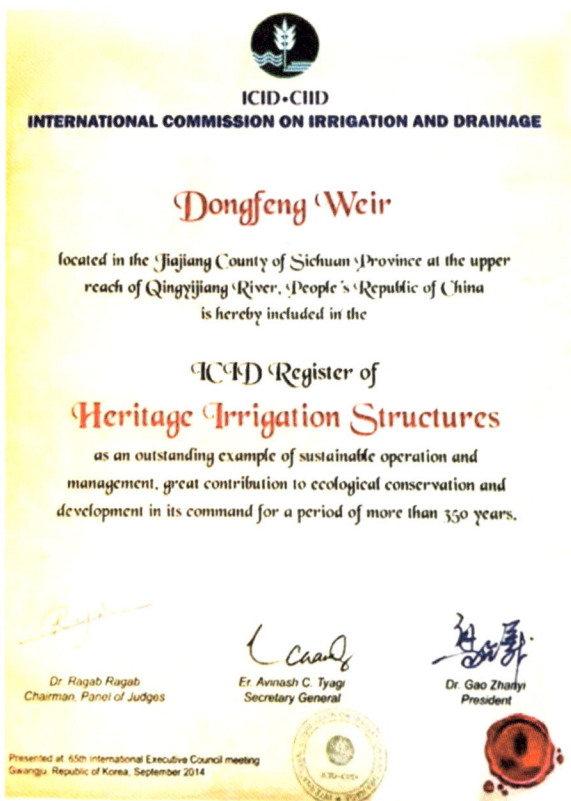

图4-8　东风堰世界灌溉工程遗产证书（卢露 摄）

第二节　世界灌溉工程遗产的东风堰

　　自从有了东风堰，在它的引领下，曾经靠天吃饭的夹江平原用水有了根本保障，灌区面貌发生了翻天覆地的变化，夹江从此成为旱涝保收的米粮仓和物产丰饶的繁华之地，见图4-9。几百年来，东风堰为夹江县农业的发展、农作物的增产、农民的增收、夹江县城人居环境的改善、旅游景区的美化作出了积极的贡献，其经济效益、社会效益、生态环境效益非常明显。

图 4-9　东风堰灌区内的甘霖公社红旗大队在进行水稻育苗
（张致忠 摄）

一、 今日东风堰

东风堰作为乐山市第二大水利工程、夹江县的骨干水利工程，灌溉面积占夹江县耕地面积的三分之一以上。随着东风堰现代化灌区建设，渠系水利用系数由原来的 0.35 提高到 0.65，直接带动了夹江农作物的品种改良和耕作制度改革，更有利于发展优质、节水、高效的现代规模农业，尤以蔬菜、水稻、茶叶、泽泻（中药材）等特色农业作物，以其产量高、品质好的美誉成了夹江对外交流的"新名片"。通过科学规划产业布局，夹江形成了以茶叶、蔬菜、林竹等优势产业为主，水果、中药材为辅的"三带三区"产业布局。茶产量居四川省第二、为四川绿茶出口第一县，蔬菜远销全国各地并直供港澳，农业产业化龙头企业日益壮大，家庭农场发展势头良好，现已完成省级现代农业重点县建设，见图4-10。

图 4-10 东风堰灌区景观（高路川 摄）

（一）工程现状

1. 工程描述

东风堰已经成为以农业灌溉为主，兼有城市防洪、排涝、发电和城市环境用水功能的综合性水利工程。东风堰总干渠长 12 千米，东、西干渠分别长 4.8 千米、13 千米。支渠 4 条，分别是：顺山支渠长 10.95 千米，灌溉漹城、黄土、甘霖、甘江；云甘支渠长 3.37 千米，灌溉漹城、甘霖；河东支渠长 5.50 千米，灌溉漹城、甘江；河西支渠长 4.40 千米，灌溉甘江；隧洞一处即千佛岩隧洞，渡槽 11 座，节制闸 22 座。

因千佛岩电站兴建，原位于夹江县迎江乡五里渡的东风堰无坝取水口，已与千佛岩电站之附属电站——迎江电站的尾水自然衔接，引水量依然保持在 51 立方米每秒。具体运用是：通常情况下，东风堰总干渠与千佛岩水力发电站的附属电站——迎江电站尾水渠相衔接；若遇附属电站检修等原因不能取水或取水不足时，则由千佛岩水力发电站专为东风堰设置的侧面调节闸取水。

2. 问题与解决

（1）面临的主要问题

部分老化。东风堰是一条历史悠久的古堰，渠道和引水、过水建筑运行年代久远。虽经多次整治，情况得到了相当程度的改善，但仍然有部分渠道多年来未进行过有效整治。这类渠道中，部分存在垮漏现象，部分末端渠道维修不到位而存在消失的危险。

环境卫生。穿过居住区的渠道附近存在随意倾倒垃圾等现象；另外存在垃圾随意丢弃到河道中的现象，造成支级渠系垃圾堆积等现象，影响渠系景观。

旅游压力。夹江千佛岩是全国重点文物保护单位，东风堰总干渠在千佛岩有400米的凿岩渠道，每年有大量的游客会在千佛岩渠道沿线逗留，存在潜在安全风险。

（2）采取的主要对策

东风堰管理处与农民用水户协会合作管理，实现专业部门指导，农民用水户协会负责末级渠道的维护与管理；东风堰管理处对灌区内干支渠进行维修养护，剩余斗、农、毛渠由乡镇或农民用水户协会进行管理；政府投入与民间募资相结合，资金上保证末级渠系工程维修和改善工作展开，逐步改善末级渠道工程状况，保证农民用水需求。

依照有关东风堰的环境保护规定，严格执行由夹江县环保局、水务局、住建局、城管局联合发布的《关于禁止向东风堰倾倒垃圾等废弃物的通告》；加强污水管网建设，将东风堰沿线居民生活废水全部纳入城市污水管网；千佛村所有农家乐生活垃圾按照"户分类、村收集、镇转运、县处理"的原则进行处理，生活废水经二级生化处理后达标排放；东风堰工程沿线禁止新建与保护东风堰、保护饮用水源无关的设施和项目。此外，东风堰管理处配备专职环境治理人员，定期对渠道沿线、闸门、取水口等区域进行垃圾清理和环境美化，以保障渠道水流畅通和渠道环境的整洁美观。

针对千佛岩景区等渠道工程沿线游客众多的现象，采取必要的安全警示和疏导措施，尤其是汛期适时发布灾害风险预警。

（二）工程效益

1. 灌溉效益

东风堰灌溉工程，从东南总堰——毗卢堰开始，在不间断的维护下，持续使用近 360 年，自流保灌面积由 1949 年的 0.75 万余亩，发展到 2019 年的 7.67 万亩，增加 9 倍。

1951 年，将永丰、刘公、双合等民堰纳入东风堰，经过大面积的岁修改造，又扩充了南山、徐麻等小堰，灌溉面积达到 3.34 万亩；1952 年，通过岁修提高了渠道过水量，至 1953 年灌溉面积达到 4.30 万亩；1956 年，永通和龙兴等堰并入东风堰，灌区面积扩大到 5.54 万亩；1975 年完成东风堰堰头第三次迁徙后，借此将沿途迎江公社坝区及高塝 5000 余亩农田纳入灌区，灌溉面积增至 6.04 万亩（未含县内东北部丘区抗旱提灌 2.10 万亩）；1977 年，完成东风堰河西支渠改造工程后，灌区灌溉面积达到 6.48 万亩（未含县内东北部丘区抗旱提灌 2.10 万亩）；至 2000 年，因治理青衣江及改造蟠龙河后，1.19 万亩河滩地和水域湿地被逐年开垦成灌溉农田并纳入东风堰灌区，由是，东风堰灌溉面积增加到 7.67 万亩（未含县内东北部丘区抗旱提灌 2.10 万亩），见图 4–11。

中华人民共和国成立后，党和政府高度重视水利建设，按照毛泽东主席"水利是农业的命脉"的指示和"农业八字宪法"所

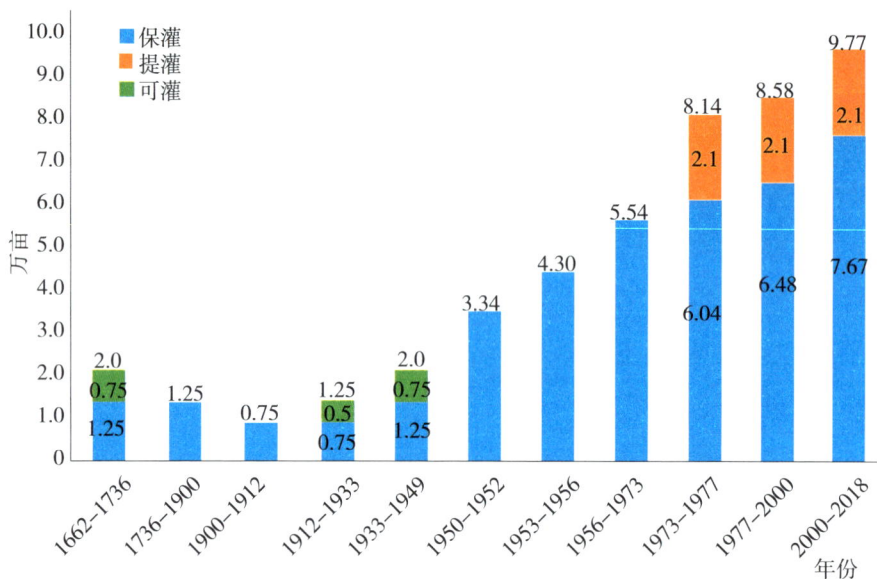

图 4-11　东风堰建成以来灌溉面积变化柱状图（东风堰管理处供图）

确立的水利在我国农业中的重要地位，夹江县委、县政府带领全县人民掀起了水利建设高潮。当年，在县城的东南平坝，以东风堰为核心的渠堰统筹整合、枢纽更新完善、农田优化改造，可谓日新月异、蓬勃开展。至 1978 年，东风堰基本建设成集县内东南坝区自流灌溉与排涝、东北丘区抗旱提灌为一体的中型水利工程，为全县农业发展发挥了重要的历史作用。

改革开放初期，东风堰灌区采取切实有效的措施服务农业经济发展所需，加快了水利建设的步伐，为我县粮食连年增产、农民增收、渔业生产做出了重大贡献。

2000 年后，东风堰的管理权限上交乐山市水电局。特别是在 2002 年纳入大型工程管理单位后，为东风堰的建设与发展带来了新的历史机遇，拓展了极其广阔的空间。在各级党委和政府的关怀下，东风堰灌区的水资源开发利用、保护规划、用水管理、工程管理维护、工程更新改造、续建配套、推广运用新技术确保工程设施正常运行等方面产生了质的飞跃，为区域内农业灌溉、城市防洪、排涝、发电和城市环境用水提供了可靠保障。

2001年开始，东风堰灌区实施节水增效示范项目；2005年9月至2008年4月，实施农业综合开发节水配套改造项目；2009—2014年，实施汶川—芦山地震重建项目；东风堰申请世界灌溉工程遗产成功后，2015年10月—2019年5月，连续实施两期续建配套与节水改造项目；2017—2018年实施河湖水系连通工程项目。

截至2019年，渠系水利用系数由原来的0.35提高到0.65，提高了0.30。改变了原渠道渗漏严重，沿渠田地终年积水，无法种植以及末尾灌区无水灌溉的现象。现在，渠道能灌能排，使农田达到了旱涝保收、稳产高产的要求，从而带动了农作物品种改良、耕作制度改革，更利于发展优质、节水、高效农业。由于水量充足，灌区内农作物的复种指数由原来的2.29提高到2.61，增加了0.32；农作物总播种面积由17.53万亩增加到20.05万亩；通过改造中低产田土，每年将新增产值1588万元，按综合水利分摊系数进行效益分摊，则新增产值445万元。

2. 社会效益

东风堰工程建成并运行至今，特别是改革开放以来，通过农业综合开发项目、节水灌溉等项目对其增建、改造之后，社会效益更加显著。

为社会稳定起到了促进作用。因东风堰水利工程增强了渠道输水能力，干渠水流畅通，缓解了高峰期用水矛盾，减少了水事纠纷，稳定了社会秩序，为构建和谐社会奠定了基础。

改善了灌区交通条件。因东风堰干支渠多傍机耕道，整治渠

道中、裁弯取直、路面变宽、稳固了边坡、桥面，改善了当地交通条件，为蔬菜运输、经济发展提供了有利条件，深受灌区群众的好评。

发挥了抗旱减灾的作用。东风堰的来水，对灌区浅层地下水有十分显著的补给功能。以四川 2006 年遭遇的百年一遇特大干旱为例：当年，因川省内很多地区都受到了旱情的威胁，严重减产减收，但是东风堰灌区却没有受到任何影响。灌区 15.55 万人民群众没有发生一例饮水困难；6.50 万亩水稻、13.55 万亩经济作物灌溉用水有保障；连以前非旱年都要发生用水困难的大园村、席湾村等末级渠道灌区都没有发生用水困难的情况。东风堰灌区在大旱之年不但没有减产、减收，反而还增加了产量和收入。

3. 环境效益

东风堰除了具有良好的工程和社会经济效益外，也为夹江县的生态环境建设提供了良好的条件。

同千佛岩风景区相得益彰。夹江因"两山对峙，一水中流"而得县名，景区内有唐代造型优美、雕刻精致、栩栩如生的摩崖造像 2471 尊，秦汉、明清古栈道和明清题刻；东风堰总干渠依山沿青衣江蜿蜒而行，在千佛岩景区穿山而过，写就一幅清流伴千佛的美妙画卷；东风堰国家水情教育基地的功能核心——东风堰水文化陈列馆已在这里建成，将为弘扬水文化发挥重要作用。

保障灌区饮水安全。东风堰灌区原属于血吸虫病重疫区，东风堰水利工程通过项目实施，改善了农村水环境，保障了农村人、畜饮水安全。由于堰首引水充沛，加之渠系水利用系数提高，所省水量可满足灌区范围内的其他用水需要。如：能够有效地补充净化浅层地下水，适时地保障天然和人工湿地的需水补给。

美化了沿途环境。东风堰东、西干渠穿越县城而过，迤逦清流具有美化城市环境、增添城市活力的特殊功效。通过整治东风堰——千佛岩景区和河湖水系连通工程，配合城市亮化工程建设，美化了景区和城区，为夹江人民创造了一个优美、舒适的生活环境。

二、走近公众

东风堰成功列入首批世界灌溉工程遗产名录以来，夹江县委、县政府为弘扬古人治水智慧、实现东风堰可持续发展，以东风堰——千佛岩水文化核心区为依托，充分挖掘东风堰建设发展过程中所产生的重大历史文化价值，通过各种形式向广大群众和青少年展示和宣传水历史、水文化、水景观，每年受众人数达8万人。

（一）国家水情教育基地建设

2018年10月中旬，水利部下发申报第三批国家水情教育基地文件，东风堰管理处作为申报单位，以"东风堰"为基地名称申报工程设施类国家水情教育基地。11月初，东风堰通过四川省水利厅审核，由省水利厅向水利部水情教育中心进行推荐；11月下旬，东风堰顺利通过专家评审组初评，进入复核名单；12月13日至14日，第三批国家水情教育基地专家组对东风堰进行了现场复核。经过专题办公会审议、名单公示等程序，2019年4月，东风堰被水利部、共青团中央、中国科协评为第三批国家水情教育基地，5月10日，在北京举行了第三批国家水情教育基地授牌仪式。

东风堰国家水情教育基地，从历史、当代两个维度，通过东风堰有关文献和典故、自然地理和水资源状况及其利用，东风堰的兴建、历史变迁，特别是新中国成立后的发展与变化，以水与社会变革、水与物产、水与民俗风情、水与文化兴盛、水与技术进步等为主线，研究搭建东风堰水情教育内容架构，形成展示与互动并重模式。基地依托东风堰引水渠、千佛岩、东风堰水文化陈列馆等核心展示区，通过各种展示手段，围绕世界灌溉工程遗产主旨开展水情教育。

（二）水文化陈列馆

东风堰水文化陈列馆是东风堰国家水情教育基地的功能核心，于2018年9月建成。陈列馆总占地面积12000平方米，展厅面积600余平方米，共分四个展厅，分别为泽润生民、禹迹千秋、河润九乡和东风学堂。展示内容包括东风堰历史沿革、工程体系、工程管理、工程文化、价值效益以及对夹江传统农业、社会经济发展的重要推动作用等。馆内运用音视频、文字、图片、实物、互动体验设施等展示手段，宣扬古人治水用水智慧，普及东风堰灌溉发展史，让广大群众进一步了解东风堰在支撑我县农业自流灌溉、抗旱、居民生活用水和城乡水生态所发挥的积极作用，从而增强群众对优秀遗产保护、自觉守护绿水青山的意识，见图4-12、图4-13。

图4-12　东风堰水文化陈列馆外观（文智勇 摄）

图 4-13　东风堰水文化陈列馆展厅（卢露 摄）

（三）举办放水节

2018年2月18日，夹江县委、县政府举办"二月二·龙抬头"——夹江东风堰首届放水节仪式，向中外游客展现东风堰作为世界灌溉工程遗产名录工程的历史底蕴，让更多的群众了解水历史、知悉水文化、欣赏水景观。本次放水节共有公众近2万人参加，并通过中央和省、市、县多家媒体向全社会进行推介报道，获得了社会广泛赞誉。

放水仪式全景展现祭祀、拜水、放水等古制流程。仪式现场设置祭坛、狼牙旗、汉服人物等相关民俗、传统元素，复原"鸡骨占年拜水神"的恢宏场面，将东风堰古代放水仪式进行了实景呈现，深度还原了古法治水的情景。仪式上最值得关注的仍是砍杩槎放水。主持官员一声令下，渠中堰工奋力砍断杩槎上的绑索、岸上堰工用力拉绳，渠水奔涌而出、杩槎解体倒下，现场顿时一片欢呼，将水情教育化作了一场视听盛宴。

这次放水节，还专门设置了水情教育志愿者宣誓议程。通过放水节这类崇尚古代治水先贤和弘扬传统水利文化的活动开展，对于增强人们对东风堰的文化和历史内涵了解，树立敬水、爱水、合理用水的观念具有十分重要的现实意义，成为夹江县水情教育中常态化的重要活动，见图4-14、图4-15。

图4-14　东风堰首届放水节仪式之开场舞龙（东风堰管理处供图）

图4-15　开闸放水，清流奔向灌区（卢露 摄）

后　记

　　《青衣绝佳处　毗卢古堰在——东风堰》记事时间上起先秦、下迄 2019 年，另外，2020 年青衣江发生的百年一遇特大洪水作为个案记入。全书主要记载了上起明清时代、下迄 2019 年，作为卓越水利灌溉工程的东风堰所具备的自然与社会经济条件、所经历的建设管理、所发挥的兴利作用、所沉淀的人文历史、所代表的水利文化。

　　本书以事分类，大类之下根据实际编写需要分设二至四个实体类别层次。主要分为概况、工程历史、东风堰遗产价值、世界灌溉工程遗产与东风堰。随文配以照片和图表，图表分别附于所属条目后。

　　在本书中，中华人民共和国成立以前的历史纪年，直书朝代和年号，夹注公元纪年；中华人民共和国成立以后的历史纪年直接采用公元纪年。中华人民共和国成立以前的官府及官职、民间组织及负责人称谓，中华人民共和国成立以后的党政部门、相关机构及负责人称谓，均按历史沿革记叙。个别历史地名夹注今名。本书计量采用当年计量单位，对 1950 年至 1953 年流通的人民币面值均折算为 1954 年后的人民币面值。

　　本书编写的基础资料由东风堰管理处提供，其重要史料来源于五部《夹江县志》（康熙版、嘉庆版、民国版和 1989 年版、

2009 年版）、夹江县档案局馆藏档案、1987 年版《夹江县水利电力志》、1989 年版《青衣江志》、2016 年版《夹江文史资料第十一期·水利专辑》、2017 年版《东风堰图志》、2018 年《东风堰·国家水情教育基地申报材料》、2019 年版《东风堰志》等等。此外，部分分类条目下采用的社会客观存在史料，经甄别摘要后编入。

本书编写遵循"直笔著信史，彰善引风气"，力求其史识和致用价值得到充分体现，但难免有失误、疏漏和不尽如人意之处，诚恳地接受各界人士批评指正。我们相信，这是一部研究和保护东风堰、使其可持续利用的重要图书。

本书编写特别邀请一生致力于夹江地方文化研究和保护、曾任乐山日报社主任记者的本县籍退休老同志张致忠担任顾问，特别邀请长期在夹江从事基层水利工作、曾任水利高级工程师和国家抗洪抢险专家的本县籍退休老同志杨志宏负责编撰，由东风堰管理处处长文智勇担任策划、夹江县水务局局长李哿担任统筹、东风堰管理处党支部副书记卢露担任校稿，委托夹江县水务局高级工程师杨颖、高级工程师尹忠波两位同志协助整理资料。

我们荣幸地邀请到中国水利水电科学研究院副总工程师、教授级高级工程师、博士生导师、中国水利学会水利史研究会会长、国际灌溉排水委员会（ICID）历史工作组理事谭徐明同志为本书作序，她是最早建议东风堰申报世界灌溉工程遗产的专家，在此致以特别的感谢！

作　者

2023 年 2 月

图书在版编目（CIP）数据

青衣绝佳处　毗卢古堰在：东风堰 / 杨志宏，文智勇，卢露编著. -- 武汉：长江出版社，2024.7
（世界灌溉工程遗产研究丛书 / 谭徐明总主编. 中国卷）
ISBN 978-7-5492-8806-9

Ⅰ. ①青… Ⅱ. ①杨… ②文… ③卢… Ⅲ. ①堰－水利史－夹江县－清代 Ⅳ. ① TV632.714

中国国家版本馆 CIP 数据核字 (2023) 第 056052 号

青衣绝佳处　毗卢古堰在：东风堰
QINGYIJUEJIACHU PILUGUYANZAI：DONGFENGYAN
杨志宏 文智勇 卢露　编著

出版策划：赵冕 张琼
责任编辑：李恒
装帧设计：汪雪 彭微
出版发行：长江出版社
地　　址：武汉市江岸区解放大道 1863 号
邮　　编：430010
网　　址：https://www.cjpress.cn
电　　话：027-82926557（总编室）
　　　　　027-82926806（市场营销部）
经　　销：各地新华书店
印　　刷：湖北金港彩印有限公司
规　　格：787mm×1092mm
开　　本：16
印　　张：16.75
彩　　页：4
字　　数：190 千字
版　　次：2024 年 7 月第 1 版
印　　次：2024 年 7 月第 1 次
书　　号：ISBN 978-7-5492-8806-9
定　　价：98.00 元